国家自然科学基金(42071382,61972365,41801378)资助

多模态地理实体表征方法研究

Multi-modal Geographic Entity Representation Learning

李圣文　姚　宏　陈仁谣
龚君芳　李新川　周顺平　著
万　波　方　芳　叶亚琴

中国地质大学出版社
CHINA UNIVERSITY OF GEOSCIENCES PRESS

图书在版编目(CIP)数据

多模态地理实体表征方法研究/李圣文等著．—武汉：中国地质大学出版社，2021.11
ISBN 978-7-5625-5093-8

Ⅰ.①多…
Ⅱ.①李…
Ⅲ.①地理位置-信息处理-研究
Ⅳ.①P94

中国版本图书馆 CIP 数据核字(2021)第 187055 号

多模态地理实体表征方法研究	李圣文 姚 宏 陈仁谣 龚君芳 李新川 周顺平 万 波 方 芳 叶亚琴	**著**

责任编辑：韦有福　　选题策划：韦有福　王凤林　　责任校对：张咏梅

出版发行：中国地质大学出版社(武汉市洪山区鲁磨路 388 号)　　邮政编码：430074
电　话：(027)67883511　　传　真：(027)67883580　　E-mail：cbb @ cug.edu.cn
经　销：全国新华书店　　http://cugp.cug.edu.cn

开本：787 毫米×1092 毫米 1/16　　字数：158 千字　　印张：6.5
版次：2021 年 11 月第 1 版　　印次：2021 年 11 月第 1 次印刷
印刷：湖北新华印务有限公司

ISBN 978-7-5625-5093-8　　定价：88.00 元

前　言

地理实体表征是地理实体组织和应用的新技术，通过将地理实体映射到低维、连续、稠密的语义向量空间中，能够有效地简化地理实体多维关联分析的高复杂度，同时降低对算力的需求，进而可以更好地与前沿机器学习方法相结合，为空间模式挖掘、地理位置推荐、城市规划、公共管理、政策决策等领域提供技术支撑。

目前地理实体的表征方法主要针对单一类型地理实体（如 POI 点、路网等）的单一模态（地理位置信息）进行展开的，存在表征视角单一和表征模态单一的问题。针对这些问题，本书探索从多个角度建模多类型地理实体间的关联关系，并在同一向量空间内构建不同类型地理实体的统一表征，进而将异构（类型不同、属性不同、关联不同）地理实体的分析与推理，转换为统一表征上的分析与推理的新模式。

围绕“多模态地理实体的统一表征”，本书从以下 3 个方面进行了研究：①引入义原结构信息的双层注意力词表征方法。该方法能够有效地改善词的稀疏性问题，从而为“地理实体的文本表征”提供语义基础。②人地交互视角下的地理实体文本表征方法。以地理实体文本作为连接人类和地理实体之间的桥梁，将地理实体的表征转化为地理实体的文本表征。③融合多模态信息的多视角地理实体表征方法。该方法以知识图（异构图）的形式对多类型地理实体进行统一组织，能够有效地将地理实体的文本特征或人地交互特征与地理实体之间的空间依赖信息相融合，从而实现多类型地理实体的准确建模。

针对本书得到的词表征、地理实体表征以及多模态地理实体表征，分别采用“词相似性计算/词类比推理”任务、“地理实体文本分类”任务以及“地理知识链路预测”任务来对表征结果进行评估。实验结果表明，引入除地理位置外的其他语义特征，如本书中使用的源于空间“交互”的不同类型地理实体的角色特征，以及反映“人”的社会行为的地理实体文本特征，对提高多类型地理实体表征的准确性有显著的成效。这意味着通过耦合这些不同模态的特征进行建模，可以更好地反演地理实体的位置特征，从而更真实地模拟“人地”关系、融合认知，并在其上更有效地服务于各种空间应用。

本书提出的统一空间中的多类型地理实体表征模型，有望解决地理数据挖掘中的地理实体、地理关系、地理推理的深层次建模问题，进而更好地为空间模式挖掘、地理位置推荐、城市规划等领域服务。

著　者

2021 年 9 月 20 日

目　录

第一章　绪　论

第一节　研究背景

地理大数据的显著特征是数据的多样性，不同类型的地理实体间存在多维度的各种关联关系。分析多类型地理实体的关联关系是地理信息检索、地点推荐、时空现象预测、城市空间模式分析等典型应用的基础。进行地理实体的关联关系分析时，一方面需要从多个维度对多种类型地理数据进行展开分析。如查询"北京海淀区地铁 9 号线附近适合儿童游玩的景点"，要结合景点 POI(点)、地铁 9 号线(线)、海淀区(多边形)等多类型地理实体的位置信息，以及文本描述("适合儿童游玩")的语意信息等进行多角度的综合分析，才可能得到用户满意的结果。由于不同类型地理实体几何形态不同、属性数据格式各异，其检索、推理过程较为复杂，难以支撑此类综合性查询的需要。另一方面需同时考虑数据样本和关联样本，否则会导致算力需求与数据规模呈指数关系，从而与算力供给之间产生了不可逾越的鸿沟(崔鹏，2018)。地理实体多维关联分析的超复杂性和算力的高需求性，使得地理大数据关联分析陷入困境，严重阻碍了地理现象理解、预测和地理推理等领域的发展。

近年来，表示学习(表示学习的基本概念见第二章第一节)在自然语言处理、异构网络分析、知识图谱等领域逐步兴起，在各相关领域的关联大数据分析中也取得了成功(刘知远等，2016)，为解决地理大数据关联分析提供了新的思路。表示学习通过将实体"嵌入"隐向量空间，把结构化数据表示为低维稠密向量，使查询与推理等关联分析转换为向量间的数学运算，不仅有效简化了关联分析的过程，而且降低了计算复杂度，使分布式并行计算更容易。此外，表征向量非常适合作为机器学习算法的输入，因为它可以方便地结合前沿机器学习算法，执行空间信息挖掘等各类智能任务。受此启发，学术界首先在同类型的地理实体上展开了表征学习的探索，其研究成果已成为空间模式分析、城市结构检测、兴趣点提取、地址字段清洗、兴趣点推荐、地理实体搜索等任务性能提升的推动力(Liu et al，2017)。

当前地理实体的表征学习尚处于起步阶段，主要从位置邻近关系的单一视角展开，以兴趣点或者道路等单一类型地理实体为研究对象，缺乏对不同类型的地理实体在同一向量空间中进行表征的理论与方法，难以支持地理大数据中需求多样的关联分析任务。内因在于：①不同类型的地理实体并非孤立的，彼此间相互关联、相互影响；②各种地理实体间除了具有源于“地”的地理位置特征外，还蕴含一定的源于“空间”交互的角色特征，以及反映“人”的社会行为的文本描述等属性信息。只有耦合这些信息建模后，才能反演位置特征和城市功能（Harris，1954），以更真实地模拟“人地”关系、融合认知，并在其上更有效地服务于各种空间应用。因此，为实现类似前文提到的“北京海淀区地铁 9 号线附近适合儿童游玩的景点”多关联下的检索、分析等应用，需要从多个角度建模多类型地理实体间的关联关系，在同一向量空间内构建不同类型地理实体的统一表征，进而将异构（类型不同、属性不同、关联不同）地理实体的分析与推理，转换为统一表征上的分析与推理的新模式，如图 1－1 所示。

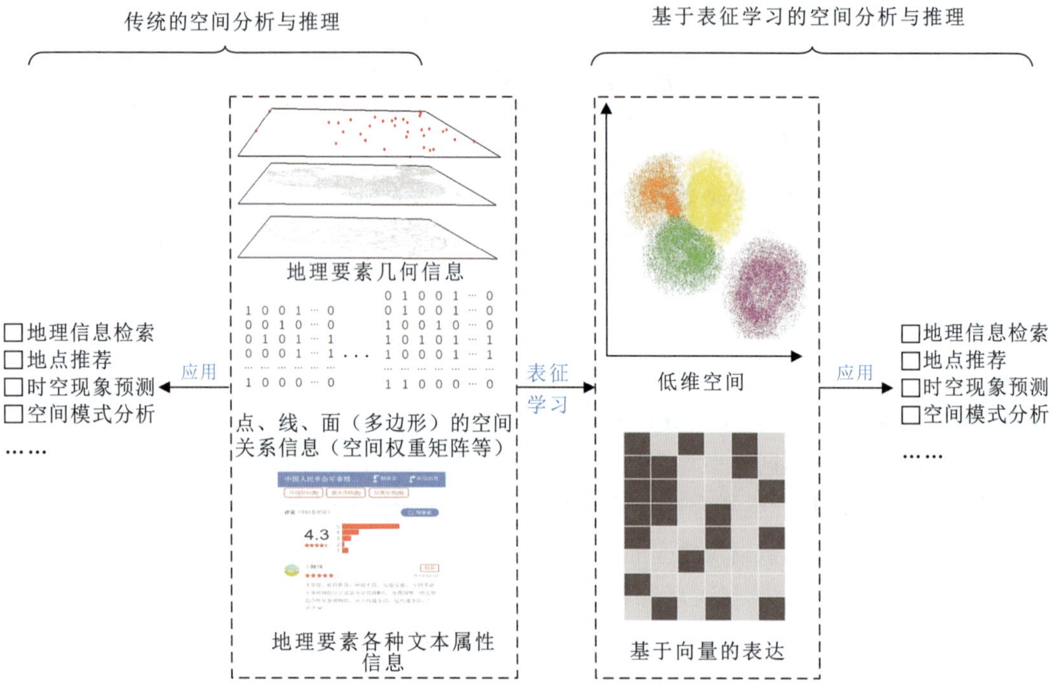

图 1－1　传统的空间应用和基于表征学习的空间应用的关系图

鉴于此（表征视角单一、表征类型单一的问题），本书拟在基础的数据表示层面，研究多类型地理实体的统一表征学习理论与方法，其挑战主要在于：①不同类型的地理实体的空间分布模式不同，实体间的空间关系多样，其地理位置语义难以有效表达；②地理实体间空间结构复杂，不同地理实体交互范围各异，空间角色表征难以统一；③地理实体的各种语义信息异构且稀疏、分布不均衡且存在不确定性，不同视角下的地理实体表征向量存在巨大差异。

本书通过研究，在理论上可以得到统一空间中的地理实体表征模型，有望解决地理数据挖掘中的地理实体、地理实体间关系、地理推理的深层次建模等问题。相关方法可望进一步拓展到各种地理事件实体、轨迹点的分布式表征和挖掘上，进而为时空数据的关联分析提供新的思路，也为时空现象提供更深刻的理解。在应用上，该研究可以为揭示地理实体的本质特征、地理实体间的关系提供新的方法，进而更好地为空间模式挖掘、地理位置推荐、城市规划、公共管理、政策决策等领域提供技术支撑。

第二节 国内外研究现状

一、研究脉络

受自然语言处理、知识图谱等领域表征学习的启发，近年来地理领域表征学习的研究取得了显著进展。针对地理实体的相关研究大致上可以分为4类：基于位置语义序列的地理实体表征、基于邻近图的地理实体表征、基于地理知识图谱的地理实体表征以及基于文本描述信息的地理实体表征。如图1-2所示，基于位置语义序列的地理实体表征和基于邻近图的地理实体表征在现有研究中占据了主要部分。在4类研究中，基于位置语义序列的地理实体表征借鉴了词表示学习的相关技术；基于邻近图的地理实体表征借鉴了图表示学习的相关技术；基于地理知识图谱的地理实体表征借鉴了知识表示学习的相关技术。接下来将分别介绍词表示学习、图表示学习、知识表示学习以及地理实体表征的相关研究进展。

二、词表示学习

词表示学习(Word Representation Learning/Word Embedding)是根据语意之间的相似度，将自然语言的词映射为低维稠密向量的过程。Harris(1954)提出的分布假说(distributional hypothesis)为这一设想提供了理论基础：上下文相似的词，其语意也相似。词表示学习通过大规模语料的训练，将词表示为低维实值向量，进而可将文本的处理任务简化为向量间的运算。词表征能够反映很多语言规律，通过计算向量的相似度可以获取文本语意上的相似度，实现词聚类、同义词分析、情感分析等目标，并在诸多任务上取得突破性进展，包括文本分类、智能检索、知识学习、图像分类等。在自然语言处理领域中，词表示学习已经逐步成为数据检索、分析、挖掘、预测的基础理论和方法。

在近些年来涌现的大量词表示学习相关的工作中，Word2Vec模型是其中的代表性工作。该模型利用文本上下文来构建词的分布式表示，在模型的效率和词表征的质量上达到了较好的平衡，包括CBOW(Continuous Bag - of - Words Model)和Skip - gram(Continuous Skip - gram Model)两种方法。前者根据上下文预测当前词，后者根据当前词推断上下文。受限于词的稀疏性，即Word2Vec模型的词表征好坏受词频的影响较大，出现次数少的词因得不到充分的训练而无法达到预期效果。如图1-3所示，目前解决该问题的思路主要有两种：①引入词的内部信息来作为词的语义补充；②借助外部知识来优化词的表征。

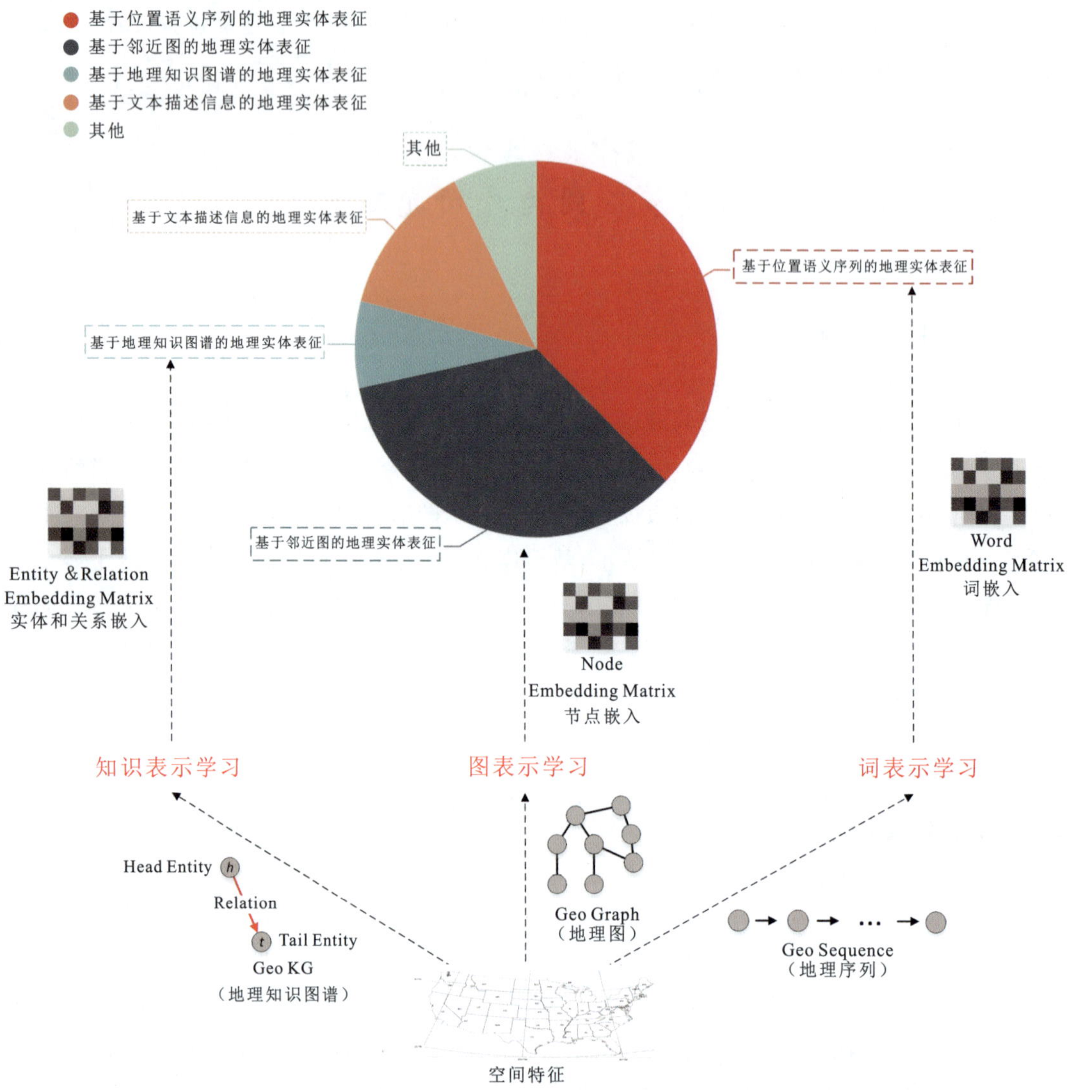

图 1-2　地理实体表征方法研究脉络

引入词的内部信息作为词的语义补充的相关工作可粗略划分为 3 类：基于形态学信息（morphological information）的模型、基于字符信息（character information）的模型以及基于子词信息（subword information）的模型。形态学信息、字符信息以及子词信息的示例如图 1-3所示，其中形态学信息主要指词的组成成分（如前缀、词根和后缀），子词信息主要指 n 元字符子串信息。在中文方面还考虑了汉字的偏旁部首、组成结构、笔画笔顺、汉字的语意等信息。这些方法都只使用词汇自身所包含的信息，如从词级别的嵌入到字符级别的嵌入，或者其他更细的嵌入。但是从词汇自身所获取的语义信息毕竟是有限的。另外，这些模型容易受到语言自身的形成过程、语言的特点等的影响，因此这些方法不利于在不同的语言之间进行迁移。

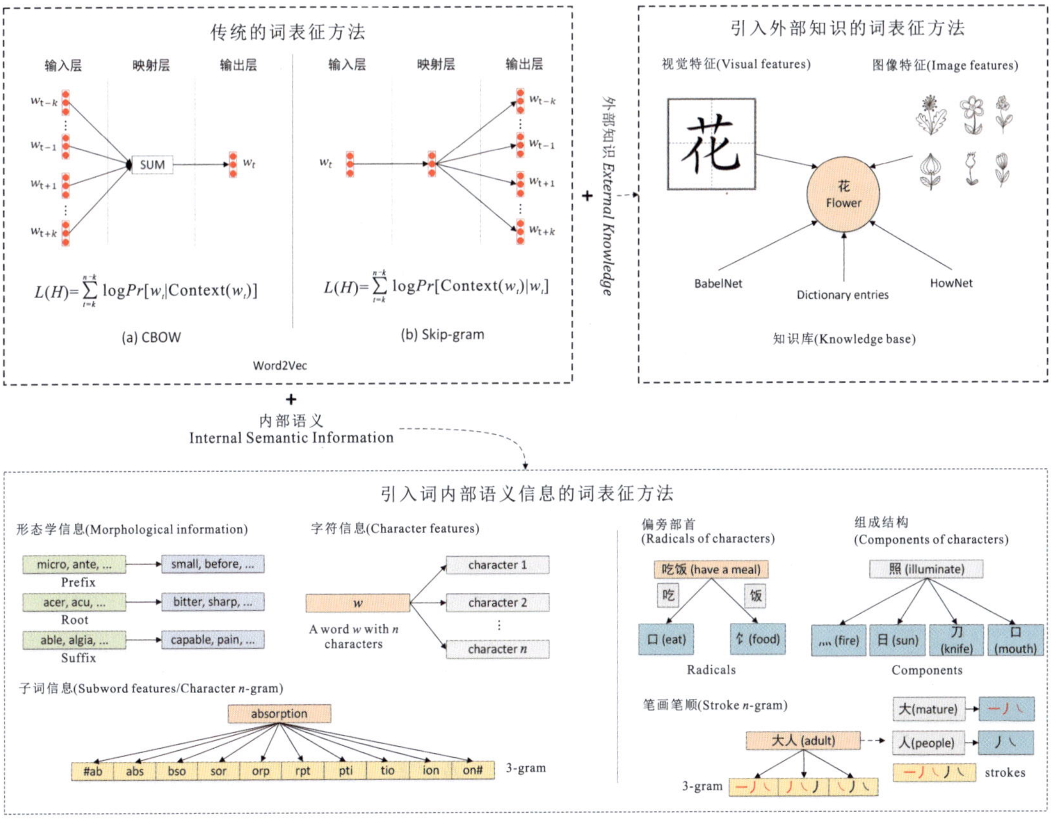

图 1-3 词表征模型的分类

除了词自身的语义信息外，现存大量的、与词汇的语义信息相关的外部知识，如带文本标签的图像，一些语义知识库（如 WordNet、BabelNet、ConceptNet 和 HowNet）等。借助外部知识来优化词表征的相关工作包括以下几个方面。①借助图像知识：字符级别的表征学习，从视觉特征（visual features）中捕获字符之间存在的共同结构；词级别的表征学习，使用词对应的图像信息作为文本语意的补充等。②借助语义知识库：引入外部同义词词林语义知识库（基于同义词集的中文语义知识库），使得在同义词林中具有相同语义分类的词之间相互靠近；从字典的词条中引入“强对”和“弱对”的语义依赖关系，利用知识图谱进行知识增强的词表征，引入义原知识来对词的不同语义进行描述等。

在研究内容一“引入义原结构信息的双层注意力词表征方法”中，将引入义原知识库来对现有的词表征模型进行优化，该方法属于引入外部知识来改善词稀疏性问题的范畴，在第三章中会进行具体的介绍。

三、图表示学习

图(graph)是用来建模对象(node)以及对象间关系(edge)的一种数据结构。近年来,将机器学习方法与图分析进行结合的方式受到越来越多学者的关注,并取得了显著成果。例如,图可以用来建模并分析跨各种领域的系统,包括社交媒体(社交网络)、金融(金融网络)、生物医药(蛋白质网络)、互联网以及知识图谱等研究领域。作为非欧数据结构上的机器学习任务,图机器学习上的几种典型分析任务包括:节点分类(node classification)、链路预测(link prediction)、聚类分析(如社区检测,community detection)以及网络相似性(network similarity)等。图表示学习旨在将图中的节点嵌入到低维的向量空间中,同时使得节点的表征能够反映图的结构以及节点之间的相似性。目前在节点分类、链路预测、社交网络分析、聚类分析、推荐系统等任务上取得了显著成效。按照节点编码方式的不同,图表示学习主要可以分成两大类:一类是节点嵌入(Node Embeddings)模型;另一类是图神经网络(Graph Neural Networks)模型。

Node Embedding 模型的目的是将图节点编码到嵌入空间中,从而使得在原图中相似的两个节点在嵌入空间中尽量靠近:$\text{similarty}(u,v)\approx z_u^{\mathrm{T}}z_v$。其中 similarty$(u,v)$表示原始图中节点 u 和节点 v 之间的相似性,$z_u^{\mathrm{T}}z_v$ 表示节点 u 和节点 v 在 embedding 空间中的距离(此处用点积来表示,可以用欧式距离、余弦距离等)。

如图 1-4 所示为 Node Embedding 模型的编码原理示意图,其主要由两个部分组成:①编码器(encoder),将节点编码到嵌入空间(低维向量);②相似性函数(similarity function),用来定义原图中任意两个节点之间的相似性。

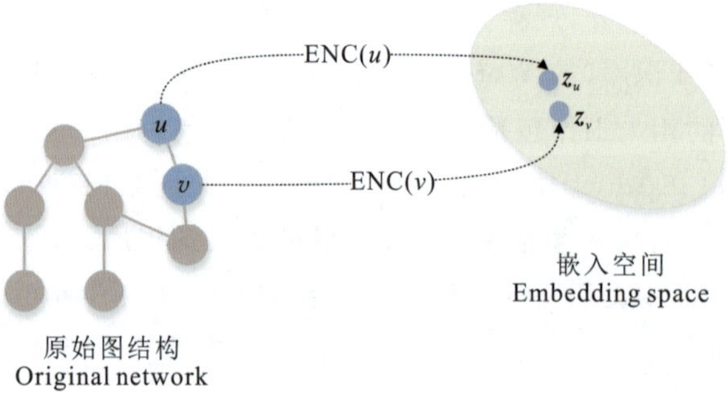

图 1-4　Node Embedding 模型的编码原理示意图

按照 Hamilton 等(2017)的分类方法,即根据相似性函数的不同,Node Embedding 模型主要可以分为 3 类:①基于邻居节点相似性(adjacency-based similarity)的嵌入;②基于多跳相似性(multi-hop similarity)的节点表征;③基于随机游走(random walk)的节点表征。此外,还有其他的基于节点表征的方法,如借鉴 GAN 思想的节点表征、多层网络的表征等。

Node Embedding 模型编码器的编码过程为向量的查询过程(embedding - lookup),属于"shallow"(浅层)的编码方式,其中每个节点都有一个唯一的编码向量来表征。该节点的编码向量既为模型的初始特征,也是模型的训练参数。"shallow"的编码方式主要存在以下几点限制:①O|V|的参数量(参数量和节点数成正比)。这意味着随着图节点数量的增加,模型的参数量也会随之增加。②泛化能力低。对于那些没有参与训练的节点,无法生成该节点对应的表征。也就是说如果有新增的节点,为了得到该节点的 embedding 表示,模型需要重新进行训练,而无法使用已经训练好的模型来直接得到该节点的 embedding 表示。③不包含节点特征。直接将 embedding 作为节点初始特征的方式,使得模型无法引入额外的特征。但在实际的场景中往往有很多的人工特征可以利用,如节点的属性等。

由于 Node Embedding 模型存在的这些缺点,图神经网络(Graph Neural Networks, GNNs)作为一种深度学习方法,它具有高性能以及高可解释性等特点,近年来开始受到越来越多学者的关注,并被广泛应用于各种图分析任务中。关于 GNNs,目前有两篇比较完整的综述论文可供参考:Zhou 等(2018)和 Wu 等(2020)。图神经网络的概念自正式提出以来,到现在 GNNs 已得到快速发展,各种不同的 GNNs 模型及其变体层出不穷,大致可以将 GNNs 分为如下几类:图卷积神经网络(Graph Convolutional Networks)、图片循环神经网络(Graph Recurrent Networks)、图注意力神经网络(Graph Attention Networks)以及图残差神经网络(Graph Residual Networks)。

Graph Convolutional Networks(GCNs)的目的是将卷积的方式推广到图领域。鉴于 CNNs 在深度学习领域取得的成功,GCNs 在很大程度上受到了 CNNs 的启发。这类 GCNs 通常可分为基于谱方法(Spectral Methods)和基于空间方法(Spatial Methods)两大类。谱方法用图的谱表示来定义卷积的操作,如 Spectral Network、ChebNet、GCN(GCN 是谱方法的简化版,也可以看作是空间方法)等。由于谱方法依赖于图结构,因此在特定图结构上的训练结果无法直接应用到其他的图结构中,相反地,空间方法直接在图上定义卷积(谱方法用谱表示来定义卷积),在空间局部邻居上进行卷积操作,如 DCNN、DGCN、LGCN、MoNet 等。GraphSAGE 是一种通用的归纳框架,其将邻居节点的信息聚合过程用一个通用的框架进行表示。

在 GCNs 模型中通常只能编码 2～3 层的深度,原因在于过多的参数可能会导致过拟合,以及可能导致反向传播过程产生梯度消失或爆炸等问题。一种进行更深层次编码的方案是借鉴 GRU、LSTM 中的门控思想,这里称 Graph Recurrent Networks。Gated Graph Neural Network(GGNN)使用 Gate Recurrent Units(GRU)来更新节点的"状态",新的节点状态依赖于旧的节点状态以及从邻居节点汇聚过来的信息。Graph Recurrent Networks 能够处理超过 10 层的网络,但是我们发现,实际上大多数真实(real - world)的网络其直径往往较小(通常小于 7)。因此,GGNN 可能更加适用于复杂的网络场景(如逻辑推理、程序结构分析等),它使得全局图结构的信息能够在节点中进行有效的传播。

与 GCNs 对所有的邻居节点进行同等对待的做法不同,Attention 机制可以区分不同邻居节点的重要性,从而有利于关注更加重要的节点。往 GNNs 中加入 Attention 机制的做法是比较直观的，Attention 机制会为每个邻居节点计算其重要性得分，得分越高代表该邻居节点在信息聚合的过程中会有越高的权重，我们称这类 GNNs 为 Graph Attention Networks。Graph Attention Network(GAT)采用 self - attention 机制来计算邻居节点的重要性得分，最终每个节点的 embedding 将表示成邻居节点在对应 attention 得分下的加权和。

为了使模型的表现力变强，能够表达更加复杂的结构信息，人们通常的做法是采用深层模型或者采用堆叠(stack)模型。但是实验表明这样做的结果并不会比只采用两层的 GNNs 效果好，甚至有可能更差，这可能是由网络的退化引起的。受到 CNNs 的启发，可以采用残差网络来解决该问题，我们称这类使用跳跃连接(skip connections)的 GNNs 为 Graph Residual Networks。受到 Highway 网络的启发，Rahimi 等(2018)提出了 Highway GCN。Jump Knowledge Network(JKN)将所有的中间层连接(jump)到最后一层(聚合层)，可以让节点自动去筛选不同范围内的邻居信息，从而有效地提高表征的效果。受 ResNet 和 DenseNet 的启发，Muller 等(2019)通过在 PlainGCN(vanilla GCN)中引入残差连接和稠密连接，提出 ResGCN 和 DenseGCN 来解决梯度消失的问题，并通过膨胀卷积(dilated convolutions)来解决过渡平滑的问题。

总而言之，尽管 GNNs 在各种不同的领域中都取得了巨大的成功，但这并不意味着 GNNs 可以解决任意场景下的图建模问题，还有许多的问题值得我们去考虑。如深层编码(DNNs 可以堆叠成百上千层来获得性能的提升，但这在 GNNs 中显然还有待继续深入的研究)、动态图(dynamic GNNs)、非结构化场景(如图像、文本等领域，目前这是研究人员主要关注的方向之一)、伸缩性/大规模图计算(一个比较现实的问题，实际场景下的图规模是非常庞大的)等。

四、知识表示学习

知识表示学习的目的是将知识图谱中所包含的实体和关系嵌入到低维、连续的向量空间中，同时保留知识图谱的内在结构。可用于知识图谱补全、关系抽取、实体分类等。按照 Wang 等(2017)的分类方法，根据三元组(h，r，t)得分函数设计的不同，知识表示学习主要可以分为两大类：①基于 Translation 的知识表示学习模型，如表 1 - 1 所示，这类模型将头尾实体交互的强度表示为从头节点到尾节点的翻译/平移距离。其中典型的代表为 TransE 模型及其扩展模型，如 TransH、TransR、TransD 等。②基于语义匹配(semantic matching)的知识表示学习模型，如表 1 - 2 所示，这类模型通过建模头尾节点之间线性的或者非线性的语义匹配程度来表征头尾实体之间交互的强弱。RESCAL 模型及其扩展模型，如 TATEC、DistMult、HolE 等，将头尾实体间存在的关联定义为线性交互。SME、NIN、MLP 等模型通过神经网络来建模头尾实体间存在的复杂非线性交互。

表 1-1　基于 Translation 的知识表示学习模型(据 Wang et al，2017)

模型	实体嵌入	关系嵌入	得分函数 $f_r(h,t)$	约束/正则化
TransE	$\boldsymbol{h},\boldsymbol{t}\in\boldsymbol{R}^d$	$\boldsymbol{r}\in\boldsymbol{R}^d$	$-\Vert\boldsymbol{h}+\boldsymbol{r}-\boldsymbol{t}\Vert_{1/2}$	$\Vert\boldsymbol{h}\Vert_2=1,\Vert\boldsymbol{t}\Vert_2=1$
TransH	$\boldsymbol{h},\boldsymbol{t}\in\boldsymbol{R}^d$	$\boldsymbol{r},\boldsymbol{w}_r\in\boldsymbol{R}^d$	$-\Vert(\boldsymbol{h}-\boldsymbol{w}_r^{\mathrm{T}}\boldsymbol{h}\boldsymbol{w}_r)+\boldsymbol{r}-(\boldsymbol{t}-\boldsymbol{w}_r^{\mathrm{T}}\boldsymbol{t}\boldsymbol{w}_r)\Vert_2^2$	$\Vert\boldsymbol{h}\Vert_2\leqslant1,\Vert\boldsymbol{t}\Vert_2\leqslant1$
TransR	$\boldsymbol{h},\boldsymbol{t}\in\boldsymbol{R}^d$	$\boldsymbol{r}\in\boldsymbol{R}^d$ $\boldsymbol{M}_r\in\boldsymbol{R}^{k\times d}$	$-\Vert\boldsymbol{M}_r\boldsymbol{h}+\boldsymbol{r}-\boldsymbol{M}_r\boldsymbol{t}\Vert_2^2$	$\Vert\boldsymbol{M}_r\boldsymbol{h}\Vert_2\leqslant1$ $\Vert\boldsymbol{M}_r\boldsymbol{t}\Vert_2\leqslant1$ $\Vert\boldsymbol{h}\Vert_2\leqslant1,\Vert\boldsymbol{t}\Vert_2\leqslant1$ $\Vert\boldsymbol{r}\Vert_2\leqslant1$
TransD	$\boldsymbol{h},\boldsymbol{w}_h\in\boldsymbol{R}^d$ $\boldsymbol{t},\boldsymbol{w}_t\in\boldsymbol{R}^d$	$\boldsymbol{r},\boldsymbol{w}_r\in\boldsymbol{R}^d$	$-\Vert(\boldsymbol{w}_r\boldsymbol{w}_h^{\mathrm{T}}+I)\boldsymbol{h}+\boldsymbol{r}-(\boldsymbol{w}_r\boldsymbol{w}_t^{\mathrm{T}}+I)\boldsymbol{t}\Vert_2^2$	$(\boldsymbol{w}_r^{\mathrm{T}}\boldsymbol{r})/\Vert\boldsymbol{r}\Vert_2\leqslant\varepsilon$ $\Vert\boldsymbol{w}_r\Vert_2=1$ $\Vert\boldsymbol{h}\Vert_2\leqslant1,\Vert\boldsymbol{t}\Vert_2\leqslant1$ $\Vert\boldsymbol{r}\Vert_2\leqslant1$ $\Vert(\boldsymbol{w}_r\boldsymbol{w}_h^{\mathrm{T}}+I)\boldsymbol{h}\Vert_2=1$ $\Vert(\boldsymbol{w}_r\boldsymbol{w}_t^{\mathrm{T}}+I)\boldsymbol{t}\Vert_2=1$
TranSparse	$\boldsymbol{h},\boldsymbol{t}\in\boldsymbol{R}^d$	$\boldsymbol{r}\in\boldsymbol{R}^d$ $\boldsymbol{M}_r(\theta_r)\in\boldsymbol{R}^{k\times d}$ $\boldsymbol{M}_r^1(\theta_r^1)\in\boldsymbol{R}^{k\times d}$ $\boldsymbol{M}_r^2(\theta_r^2)\in\boldsymbol{R}^{k\times d}$	$-\Vert\boldsymbol{M}_r(\theta_r)\boldsymbol{h}+\boldsymbol{r}-\boldsymbol{M}_r(\theta_r)\boldsymbol{t}\Vert_{1/2}^2$ $-\Vert\boldsymbol{M}_r^1(\theta_r^1)\boldsymbol{h}+\boldsymbol{r}-\boldsymbol{M}_r^2(\theta_r^2)\boldsymbol{t}\Vert_{1/2}^2$	$\Vert\boldsymbol{h}\Vert_2\leqslant1,\Vert\boldsymbol{t}\Vert_2\leqslant1$ $\Vert\boldsymbol{r}\Vert_2\leqslant1$ $\Vert\boldsymbol{M}_r(\theta_r)\boldsymbol{h}\Vert_2\leqslant1$ $\Vert\boldsymbol{M}_r(\theta_r)\boldsymbol{t}\Vert_2\leqslant1$ $\Vert\boldsymbol{M}_r^1(\theta_r^1)\boldsymbol{h}\Vert_2\leqslant1$ $\Vert\boldsymbol{M}_r^2(\theta_r^2)\boldsymbol{t}\Vert_2\leqslant1$
TransM	$\boldsymbol{h},\boldsymbol{t}\in\boldsymbol{R}^d$	$\boldsymbol{r}\in\boldsymbol{R}^d$	$-\theta_r\Vert\boldsymbol{h}+\boldsymbol{r}-\boldsymbol{t}\Vert_{1/2}$	$\Vert\boldsymbol{h}\Vert_2=1,\Vert\boldsymbol{t}\Vert_2=1$
ManifoldE	$\boldsymbol{h},\boldsymbol{t}\in\boldsymbol{R}^d$	$\boldsymbol{r}\in\boldsymbol{R}^d$	$-(\Vert\boldsymbol{h}+\boldsymbol{r}-\boldsymbol{t}\Vert_2^2-\theta_r^2)^2$	$\Vert\boldsymbol{h}\Vert_2\leqslant1,\Vert\boldsymbol{t}\Vert_2\leqslant1$ $\Vert\boldsymbol{r}\Vert_2\leqslant1$
TransF	$\boldsymbol{h},\boldsymbol{t}\in\boldsymbol{R}^d$	$\boldsymbol{r}\in\boldsymbol{R}^d$	$(\boldsymbol{h}+\boldsymbol{r})^{\mathrm{T}}\boldsymbol{t}+(\boldsymbol{t}-\boldsymbol{r})^{\mathrm{T}}\boldsymbol{h}$	$\Vert\boldsymbol{h}\Vert_2\leqslant1,\Vert\boldsymbol{t}\Vert_2\leqslant1$ $\Vert\boldsymbol{r}\Vert_2\leqslant1$
TransA	$\boldsymbol{h},\boldsymbol{t}\in\boldsymbol{R}^d$	$\boldsymbol{r}\in\boldsymbol{R}^d$ $\boldsymbol{M}_r\in\boldsymbol{R}^{d\times d}$	$-(\vert\boldsymbol{h}+\boldsymbol{r}-\boldsymbol{t}\vert)^{\mathrm{T}}\boldsymbol{M}_r(\vert\boldsymbol{h}+\boldsymbol{r}-\boldsymbol{t}\vert)$	$\Vert\boldsymbol{h}\Vert_2\leqslant1,\Vert\boldsymbol{t}\Vert_2\leqslant1$ $\Vert\boldsymbol{r}\Vert_2\leqslant1$
KG2E	$\boldsymbol{h}\sim\boldsymbol{N}(\mu_h,\Sigma_h)$ $\boldsymbol{t}\sim\boldsymbol{N}(\mu_t,\Sigma_t)$ $\mu_h,\mu_t\in\boldsymbol{R}^d$ $\Sigma_h,\Sigma_t\in\boldsymbol{R}^{d\times d}$	$\boldsymbol{r}\sim\boldsymbol{N}(\mu_r,\Sigma_r)$ $\mu_r\in\boldsymbol{R}^d$ $\Sigma_r\in\boldsymbol{R}^{d\times d}$	$\mu=\mu_h+\mu_r-\mu_t$ $\Sigma=\Sigma_h+\Sigma_r+\Sigma_t$ $-\mathrm{tr}(\Sigma_r^{-1}(\Sigma_h+\Sigma_t))-\mu^{\mathrm{T}}\Sigma_r^{-1}\mu$ $-\ln\dfrac{\det(\Sigma_r)}{\det(\Sigma_h+\Sigma_t)}-\mu^{\mathrm{T}}\Sigma^{-1}\mu-\ln(\det(\Sigma))$	$\Vert\mu_h\Vert_2\leqslant1$ $\Vert\mu_t\Vert_2\leqslant1$ $\Vert\mu_r\Vert_2\leqslant1$ $c_{\min}I\leqslant\Sigma_h\leqslant c_{\max}I$ $c_{\min}I\leqslant\Sigma_t\leqslant c_{\max}I$ $c_{\min}I\leqslant\Sigma_r\leqslant c_{\max}I$
TransG	$\boldsymbol{h}\sim\boldsymbol{N}(\mu_h,\sigma_h^2I)$ $\boldsymbol{t}\sim\boldsymbol{N}(\mu_t,\sigma_t^2I)$ $\mu_h,\mu_t\in\boldsymbol{R}^d$	$\mu_r^i\sim\boldsymbol{N}\left(\begin{matrix}\mu_t-\mu_h,\\(\sigma_h^2+\sigma_t^2)I\end{matrix}\right)$ $\boldsymbol{r}=\sum_i(\pi_r^i\mu_r^i)\in\boldsymbol{R}^d$	$\sum_i\pi_r^i\exp\left(-\dfrac{\Vert\mu_h+\mu_r^i-\mu_t\Vert_2^2}{\sigma_h^2+\sigma_t^2}\right)$	$\Vert\mu_h\Vert_2\leqslant1$ $\Vert\mu_t\Vert_2\leqslant1$ $\Vert\mu_r^i\Vert_2\leqslant1$
UM	$\boldsymbol{h},\boldsymbol{t}\in\boldsymbol{R}^d$	—	$-\Vert\boldsymbol{h}-\boldsymbol{t}\Vert_2^2$	$\Vert\boldsymbol{h}\Vert_2=1,\Vert\boldsymbol{t}\Vert_2=1$
SE	$\boldsymbol{h},\boldsymbol{t}\in\boldsymbol{R}^d$	$\boldsymbol{M}_r^1,\boldsymbol{M}_r^2\in\boldsymbol{R}^{k\times d}$	$-\Vert\boldsymbol{M}_r^1\boldsymbol{h}-\boldsymbol{M}_r^2\boldsymbol{t}\Vert_1$	$\Vert\boldsymbol{h}\Vert_2=1,\Vert\boldsymbol{t}\Vert_2=1$

表 1-2 基于语义匹配的知识表示学习模型(据 Wang et al, 2017)

模型	实体嵌入	关系嵌入	得分函数 $f_r(h,t)$	约束/正则化
RESCAL	$\boldsymbol{h},\boldsymbol{t}\in\boldsymbol{R}^d$	$\boldsymbol{M}_r\in\boldsymbol{R}^{d\times d}$	$\boldsymbol{h}^{\mathrm{T}}\boldsymbol{M}_r\boldsymbol{t}$	$\\|\boldsymbol{h}\\|_2\leqslant 1,\\|\boldsymbol{t}\\|_2\leqslant 1$ $\\|\boldsymbol{M}_r\\|_{\mathrm{F}}\leqslant 1$
TATEC	$\boldsymbol{h},\boldsymbol{t}\in\boldsymbol{R}^d$	$\boldsymbol{r}\in\boldsymbol{R}^d$ $\boldsymbol{M}_r\in\boldsymbol{R}^{d\times d}$	$\boldsymbol{h}^{\mathrm{T}}\boldsymbol{M}_r\boldsymbol{t}+\boldsymbol{h}^{\mathrm{T}}\boldsymbol{r}+\boldsymbol{t}^{\mathrm{T}}\boldsymbol{r}+\boldsymbol{h}^{\mathrm{T}}D\boldsymbol{t}$	$\\|\boldsymbol{h}\\|_2\leqslant 1,\\|\boldsymbol{t}\\|_2\leqslant 1$ $\\|\boldsymbol{r}\\|_2\leqslant 1$ $\\|\boldsymbol{M}_r\\|_{\mathrm{F}}\leqslant 1$
DisMult	$\boldsymbol{h},\boldsymbol{t}\in\boldsymbol{R}^d$	$\boldsymbol{r}\in\boldsymbol{R}^d$	$\boldsymbol{h}^{\mathrm{T}}\mathrm{diag}(r)\boldsymbol{t}$	$\\|\boldsymbol{h}\\|_2\leqslant 1,\\|\boldsymbol{t}\\|_2\leqslant 1$ $\\|\boldsymbol{r}\\|_2\leqslant 1$
HolE	$\boldsymbol{h},\boldsymbol{t}\in\boldsymbol{R}^d$	$\boldsymbol{r}\in\boldsymbol{R}^d$	$\boldsymbol{r}^{\mathrm{T}}(\boldsymbol{h}*\boldsymbol{t})$	$\\|\boldsymbol{h}\\|_2\leqslant 1,\\|\boldsymbol{t}\\|_2\leqslant 1$ $\\|\boldsymbol{r}\\|_2\leqslant 1$
ComplEx	$\boldsymbol{h},\boldsymbol{t}\in\mathbb{C}^d$	$\boldsymbol{r}\in\mathbb{C}^d$	$Re(\boldsymbol{h}^{\mathrm{T}}\mathrm{diag}(\boldsymbol{r})\bar{\boldsymbol{t}})$	$\\|\boldsymbol{h}\\|_2\leqslant 1,\\|\boldsymbol{t}\\|_2\leqslant 1$ $\\|\boldsymbol{r}\\|_2\leqslant 1$
ANALOGY	$\boldsymbol{h},\boldsymbol{t}\in\boldsymbol{R}^d$	$\boldsymbol{M}_r\in\boldsymbol{R}^{d\times d}$	$\boldsymbol{h}^{\mathrm{T}}\boldsymbol{M}_r\boldsymbol{t}$	$\\|\boldsymbol{h}\\|_2\leqslant 1,\\|\boldsymbol{t}\\|_2\leqslant 1$ $\\|\boldsymbol{r}\\|_2\leqslant 1$ $\boldsymbol{M}_r\boldsymbol{M}_r{}^{\mathrm{T}}=\boldsymbol{M}_r^{\mathrm{T}}\boldsymbol{M}_r$
SME	$\boldsymbol{h},\boldsymbol{t}\in\boldsymbol{R}^d$	$\boldsymbol{r}\in\boldsymbol{R}^d$	$(\boldsymbol{M}_u^1\boldsymbol{h}+\boldsymbol{M}_u^2\boldsymbol{r}+\boldsymbol{b}_u)^{\mathrm{T}}(\boldsymbol{M}_v^1\boldsymbol{h}+\boldsymbol{M}_v^2\boldsymbol{r}+\boldsymbol{b}_v)$ $(\boldsymbol{M}_u^1\boldsymbol{h}\circ\boldsymbol{M}_u^2\boldsymbol{r}+\boldsymbol{b}_u)^{\mathrm{T}}(\boldsymbol{M}_v^1\boldsymbol{h}\circ\boldsymbol{M}_v^2\boldsymbol{r}+\boldsymbol{b}_v)$	$\\|\boldsymbol{h}\\|_2\leqslant 1,\\|\boldsymbol{t}\\|_2\leqslant 1$
NIN	$\boldsymbol{h},\boldsymbol{t}\in\boldsymbol{R}^d$	$\boldsymbol{r},\boldsymbol{b}_r\in\boldsymbol{R}^k$ $\overline{\boldsymbol{M}}_r\in\boldsymbol{R}^{d\times d\times k}$ $\boldsymbol{M}_r^1,\boldsymbol{M}_r^2\in\boldsymbol{R}^{k\times d}$	$\boldsymbol{r}^{\mathrm{T}}\tanh(\boldsymbol{h}^{\mathrm{T}}\overline{\boldsymbol{M}}_{r_r}\boldsymbol{t}+\boldsymbol{M}_r^1\boldsymbol{h}+\boldsymbol{M}_r^2\boldsymbol{t}+\boldsymbol{b}_r)$	$\\|\boldsymbol{h}\\|_2\leqslant 1,\\|\boldsymbol{t}\\|_2\leqslant 1$ $\\|\boldsymbol{r}\\|_2\leqslant 1,\\|\boldsymbol{b}_r\\|_2\leqslant 1$ $\\|\overline{\boldsymbol{M}}_r{}^{[:,:,i]}\\|_{\mathrm{F}}\leqslant 1$ $\\|\boldsymbol{M}_r^1\\|_{\mathrm{F}}\leqslant 1,\\|\boldsymbol{M}_r^2\\|_{\mathrm{F}}\leqslant 1$
SLM	$\boldsymbol{h},\boldsymbol{t}\in\boldsymbol{R}^d$	$\boldsymbol{r}\in\boldsymbol{R}^k$ $\boldsymbol{M}_r^1,\boldsymbol{M}_r^2\in\boldsymbol{R}^{k\times d}$	$\boldsymbol{r}^{\mathrm{T}}\tanh(\boldsymbol{M}_r^1\boldsymbol{h}+\boldsymbol{M}_r^2\boldsymbol{t})$	$\\|\boldsymbol{h}\\|_2\leqslant 1,\\|\boldsymbol{t}\\|_2\leqslant 1$ $\\|\boldsymbol{r}\\|_2\leqslant 1$ $\\|\boldsymbol{M}_r^1\\|_{\mathrm{F}}\leqslant 1,\\|\boldsymbol{M}_r^2\\|_{\mathrm{F}}\leqslant 1$
MLP	$\boldsymbol{h},\boldsymbol{t}\in\boldsymbol{R}^d$	$\boldsymbol{r}\in\boldsymbol{R}^d$	$\boldsymbol{w}^{\mathrm{T}}\tanh(\boldsymbol{M}_1\boldsymbol{h}+\boldsymbol{M}_2\boldsymbol{r}+\boldsymbol{M}_3\boldsymbol{t})$	$\\|\boldsymbol{h}\\|_2\leqslant 1,\\|\boldsymbol{t}\\|_2\leqslant 1$ $\\|\boldsymbol{r}\\|_2\leqslant 1$
NAM	$\boldsymbol{h},\boldsymbol{t}\in\boldsymbol{R}^d$	$\boldsymbol{r}\in\boldsymbol{R}^d$	$f_r(\boldsymbol{h},\boldsymbol{t})=\boldsymbol{t}^{\mathrm{T}}\boldsymbol{z}^{(L)}$ $\boldsymbol{z}^{(l)}=ReLU(\boldsymbol{a}^{(l)}),\boldsymbol{a}^{(l)}=\boldsymbol{M}^{(l)}\boldsymbol{z}^{(l-1)}+\boldsymbol{b}^{(l)}$ $\boldsymbol{z}^{(0)}=[\boldsymbol{h};\boldsymbol{r}]$	—

知识表示学习通过在低维稠密的连续空间中学习知识图谱的分布式表示，能够有效地缓解数据的稀疏性问题，同时可以显著地提升计算效率。尽管知识表示学习模型已经在多种任务场景中取得了显著成效，但仍然存在许多的挑战和困难。如大规模知识图谱表示学习、复杂关系建模、复杂关系推理（如多跳推理）、动态知识表征、时空知识表征、多源异质信息融合等。

五、地理实体表征

现有地理实体表征的相关研究大致上可以分为四大类：基于位置语义序列的地理实体表征学习、基于邻近图的地理实体表征学习、基于地理知识图谱的地理实体表征学习以及基于文本描述信息的地理实体表征学习。

1. 基于位置语义序列的地理实体表征学习

根据地理实体间的空间/时空邻近关系，将地理实体以序列进行组织，类比于自然语言文本中词的序列，通过扩展 Word2Vec 模型进行建模，具体主要包括以下几个方面。①POI 的轨迹邻近性：将同一序列的轨迹视为“文档”，将 POI 点视为“词”，从签到序列中捕获 POI 的地理影响；将用户同一天的签到数据视为“句子”，提出时空序列行为的表征学习。②POI 点的物理邻近关系：采用物理邻近替代用户行为轨迹中的邻接关系，构建了 Location2Vec 模型；通过层次二分树表示节点间的物理距离，实现了一种面向地理影响的 POI 潜在表示模型——POI2Vec 模型；构建 POI 点的最短覆盖路径对 POI 进行序列建模，然后利用 CBOW 模型对地理实体进行表征。③线状实体（道路）空间邻接性：将轨迹数据中路段视为“词”，轨迹视为“句子”，对路段进行表征学习，实现了道路交叉口检测、出租车轨迹的可视化。

上述研究的基本思路来源于地理第一定律，假设距离相近的地理实体表征相似，在建模上主要存在两个问题：①地理实体的分布模式存在差异，距离相近的地理实体并不一定相似，反之，距离较远的地理实体也有可能相似。如在一个城市中心，可能聚集着不同类型的各种 POI，而很多邻近的 POI 并不相似。②现有研究主要针对同类地理实体的邻近/邻接关系，方法不适用不同类型地理实体间的其他空间关系（如相交、包含等），无法支撑多类型地理实体的地理位置语义表征。

2. 基于邻近图的地理实体表征学习

通过地理实体在空间上的邻近关系构建邻近图，并基于图表示学习的方法学习得到地理实体的表征，具体包括以下几个方面。①基于 Node Embedding 的地理实体表征：基于网络中节点的表征应由其邻域决定的假设，Lin 等（2017）采用 Node2Vec 的思路学习每个节点的概率嵌入表征，构建了基于空间网络邻接的表征模型，实现了每个点实体在低维空间中的特征表示。Wang 等（2019）在建模路网的过程中不仅采用路网之间的邻近关系，而且采用人类的活动行为构建序列关系，从而得到包含全局结构特征和局部行为特征的路网表征。②基于 GNN 的地理实体表征：Jepsen 等（2019）在建模路网的基础之上使用 GCN 来对路网进行编码，将节点的表征转换为节点之间的信息传播过程，从而能够捕获实体之间复杂的交互关系。

这类工作依然遵循了“地理实体的表示应由其邻域决定”这一假设，其本质与前面的基于位置语义序列的地理实体表征学习本质类似。但是这类表征在上述的基础之上考虑了全局的网络依赖结构。

3. 基于地理知识图谱的地理实体表征学习

通过构建地理知识图谱(GeoKG),Qiu 等(2019)引入多种不同的关系来关联不同的地理实体,并利用知识表示学习的方法得到多关系下的地理实体表征。在数据组织层面,该研究主要针对面实体在地理空间上的“包含”和“相邻”两种关系展开的,忽略了多类型地理实体间存在的复杂关系模式,无法全面地描述多类型地理实体间的位置语义关联。在表征方法层面,该研究采用浅层(shallow)的编码方式,不易捕获地理实体间复杂的依赖关系,且只考虑了三元组的局部连接结构,忽略了地理实体在全局上的空间交互特征。

4. 基于文本描述信息的地理实体表征学习

此类研究主要包括:①实体类型的表征学习。考虑到不同 POI 类型在地理空间中的相互作用,通过构建 POI 类型的空间上下文,使用距离分级和信息理论方法来对 POI 类型进行表征学习。此工作主要关注类型的表征,而非地理实体的表征。②顾及文本描述的表征学习。基于内容感知的 POI 表征学习模型,通过构建一个签到上下文层和一个文本内容层,结合了 POI 时空行为邻接信息和文本内容,实现了 POI 的向量表征学习;基于深度卷积神经网络对地理实体的文本信息进行表征等。

此类研究主要对同一来源的单一类型地理实体展开的,其文本描述的格式、质量相对一致。然而,与人类活动相关的地理实体文本描述来源不同,随意性较大,其内容、质量存在较大差异,文本字面表达有较大噪声,难以准确表示其深层语义,不能有效地支撑“人地”融合的认知。

六、研究述评

现有地理实体表征方法主要借鉴了词表示学习、图表示学习以及知识表示学习领域的相关技术,此处就地理实体表征与这些表示学习方法之间的异同点进行分析。

1. 地理实体表征 VS 词表示学习

地理实体表征与词表示学习的差异主要体现在数据层面。①数据存在形式不同:文本语料中连续出现的词以句子、段落等自然形态构成,呈天然的序列关系,是自然语言表征学习的基础;地理实体之间存在多角度的复杂空间依赖关系,难以直接用序列关系描述它们之间的关联。②大多数地理实体带有地理坐标信息,存在特有的空间相关性和位置语义信息。③地理实体类型多样,其数据组织、空间分布存在差异,远比文本数据中词的形式更为复杂。

由于地理实体与文本数据之间存在巨大差异,为了能够借鉴词表示学习的策略,故现有基于词表示学习的地理实体表征方法主要针对单一类型地理实体的邻近关系展开,而无法直接用于多类型地理实体的表征学习。

2. 地理实体表征 VS 图表示学习

地理实体表征与图表示方法在图结构方面不同。①多类型地理实体间存在的多维关联关系为异构图，是图的一种特例。现有图表示学习方法主要适用于节点类型单一、节点间关系单一的同构图。而多类型地理实体之间存在多种关系，为异构图。②地理实体存在独有的空间特性。相较于普通的图结构而言，地理实体之间含有独有的空间依赖特性，如地理实体之间的距离依赖、空间角色依赖等。

由于结构上的差异以及地理实体独有的空间依赖特性，图表示学习无法直接应用到多类型地理实体的表示学习中去。因而现有基于图表示学习的地理实体表征方法主要借助于单一类型地理实体之间的邻近关系构建同构图，从而使得在数据的组织层面能够符合图表示学习的需求。

3. 地理实体表征 VS 知识表示学习

地理实体表征与知识表示学习在知识图谱上存在不同。①地理实体之间除了多关系以外，还存在独有的空间特性，如距离信息等，使得知识表示学习的方法无法直接运用到地理实体表征中。②在知识表示学习中，现有的主流 Translation 系列模型还是基于浅层编码的方式，比较难以捕获地理实体之间存在的复杂依赖关系。

相较于词表示学习以及图表示学习，知识表示学习在数据层面与多类型地理实体最为贴近，但由于地理实体独有的空间依赖特性以及受知识表示学习方法的制约，现有基于知识表示学习的地理实体表征方法仍处于初期探索阶段，尚有巨大的提升空间。

综上所述，地理实体表征学习方法存在的主要问题有以下几个方面。①过于简化了实体间的分布模式。现有研究仅基于地理第一定律的思路进行建模，忽略了地理实体空间分布模式的多样性，采用单一的邻近/邻接关系展开，其表达的地理位置语义内涵较为单一，表征结果适用范围受限。②忽略了地理实体的不同类型，研究视角单一。地理实体的几何特征（如点、线、面）是地理实体的重要特性，也是人类探索地理现象的基础实体。它直观地体现了地理实体的不同类型（如点实体、线实体、面实体），有助于识别系统中的关键地理实体（如道路中的中心路口、区域的中心城市）等。目前地理实体的表征学习主要针对单一类型地理实体展开的，尚未考虑地理实体的不同类型，缺乏不同类型视角下的空间结构表达。③忽略了除地理位置外的其他语义特征，研究模态单一。各种地理实体间除了具有源于“地”的地理位置特征外，还蕴含一定的源于空间“交互”的角色特征，以及反映“人”的社会行为的文本描述等语义信息。只有耦合这些信息建模后，才能更好地反演位置语义，以更真实地模拟“人地”关系、融合认知，并更有效地服务于各种空间应用。总而言之，现有表征方法无法直接迁移到多类型地理实体的表征上，需要针对地理实体特性，构建能准确地对多类型地理实体进行表达的表征学习理论和方法。

第三节　研究内容

近年来，新兴的关系推理、复杂网络、图论、知识图谱理论等从更深层次上揭示了不同实体间的整体性与关联性，提供了特征抽取、知识挖掘的方法和机理，为多视角下不同地理实体在同一向量空间下的精确表征提供了新的思路。

本研究以多类型地理实体的统一表征为研究目标，从多个视角对地理实体的表征展开研究。具体来讲，本研究由 3 个部分内容组成，研究内容之间的逻辑关系如图 1 - 5 所示。本研究的最终目标是实现融合多模态信息的多类型地理实体表征，其中多模态指地理实体的空间结构特征和文本特征。空间结构特征在“研究内容三”中得到，“研究内容二”为“研究内容三”提供多模态融合的文本表征，而“研究内容一”为“研究内容二”提供词表征。从“研究内容一”到“研究内容三”所用到的主要技术手段分别对应于词表示学习方法、图表示学习方法和知识表示学习方法。

研究内容一：引入义原结构信息的双层注意力词表征方法。词表征/嵌入对于大多数自然语言处理任务而言是非常重要的，通过在文本语料上生成词表对应的分布式表示，将词嵌入到低维稠密连续的语义空间中的同时，能够保留词与词之间的语义相关性。现有研究表明，引入义原知识能够有效地缓解由词的稀疏性导致的训练不充分问题，从而显著提升词表征的性能。但是先前的工作忽略了义原内部隐藏的结构信息。因此，本书在“研究内容一”中提出了一种双层 Attention 机制来隐式地建模义原中隐含的结构信息，该机制能较好地建模义原与词汇之间的隐含关联。

研究内容二：人地交互视角下的地理实体文本表征方法。文本是人地交互的主要表达形式之一，现有大量非结构化文本对地理实体进行了不同视角、不同程度上的表达，同时也在一定程度上体现了用户的偏好，如社交媒体文本数据体现了用户的日常活动类型和模式。文本作为连接人与地理实体之间的桥梁，可以看作是人地交互视角下的地理实体特征，这也是地理实体表征过程中的重要一环。从人地交互的视角出发，“研究内容二”通过在用户、文本和词之间构建关联，并利用时间感知的图卷积神经网络来对地理实体文本进行编码，从而能够有效地建模时间视角下和文本视角下隐含的人地交互信息。

研究内容三：融合多模态信息的多视角地理实体表征方法。针对地理实体表征视角单一、模态单一的问题，本研究通过点、线、面实体的不同几何形态视角来构建地理实体之间存在的空间关系，从而得到包含不同类型地理实体视角的地理知识图谱。地理知识图谱中包含了地理实体间存在的空间结构特征，将“研究内容二”得到的地理实体文本表征与地理知识图谱同时作为本研究提出的多模态地理知识表征模型的输入，即可得到同时包含空间结构特征和地理实体文本特征的多模态地理实体表征。

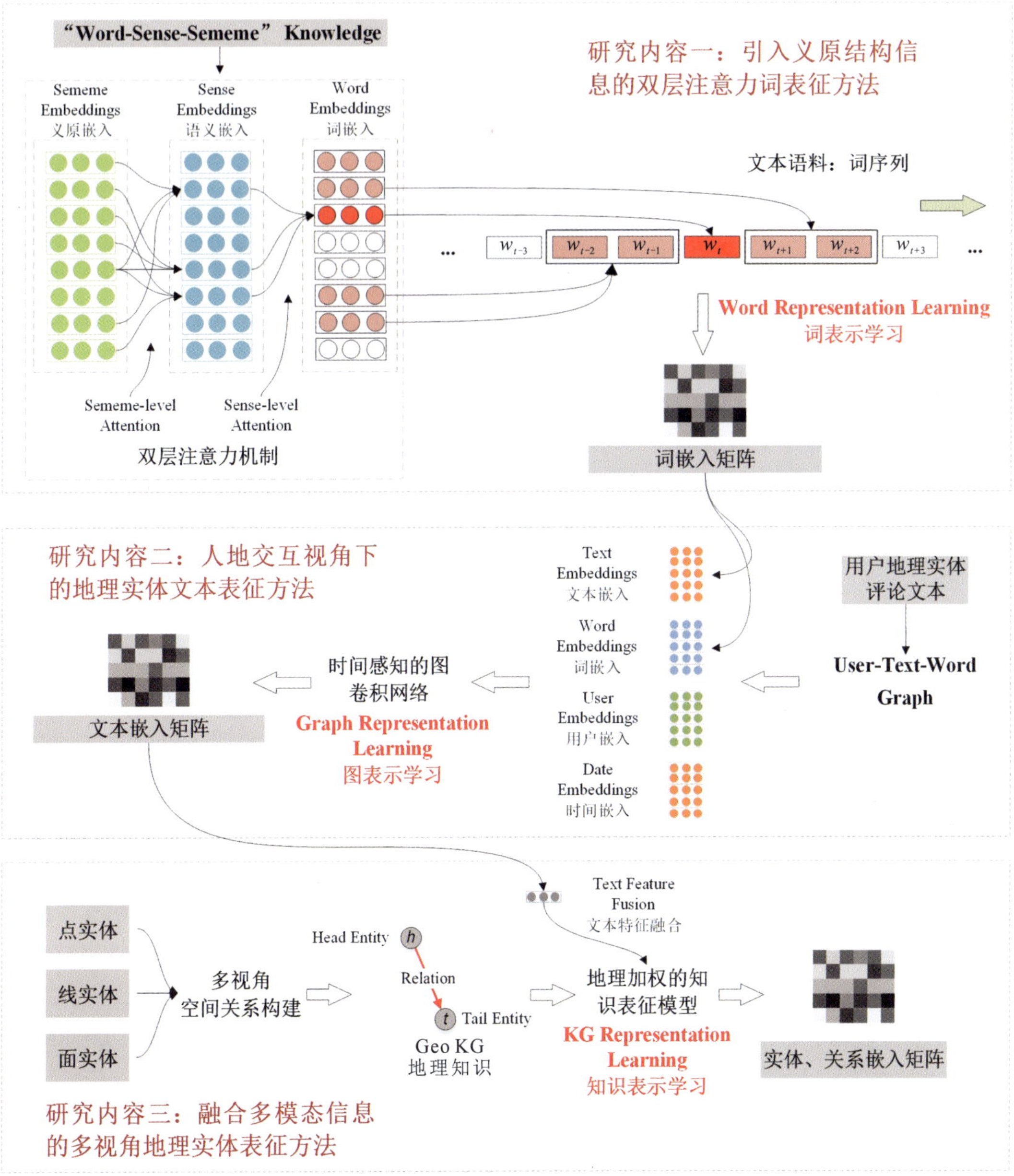

图 1-5　研究内容逻辑关系图

“研究内容一”“研究内容二”和“研究内容三”将分别在本书第三章、第四章以及第五章中进行叙述。

第四节　主要贡献

本研究的主要贡献点如下。

(1)研究内容一(引入义原结构信息的双层注意力词表征方法)。①提出了一种基于“Word-Sense-Sememe”知识库的双层注意力编码模型。该模型能够捕获语义内部不同义原随上下文的权重变化以及词汇内部不同语义随上下文的权重变化,从而使得编码得到的词表征向量更加准确,同时该编码模型是一种通用的编码义原结构信息的框架,能够被集成到现有的词表征训练框架中。②在双层注意力编码模型的基础上,通过上下文感知的语义匹配技术将其扩展得到了两种具体的词表征训练框架。词相似性实验和词类比实验的结果表明通过该训练框架训练得到的词表征向量的效果远优于前人提出的模型。

(2)研究内容二(人地交互视角下的地理实体文本表征方法)。①为了有效地建模地理实体文本中隐含的人地交互信息,本研究通过文本和时间两种不同的视角来建模隐含的交互,在这两种不同的视角下,不仅能够关联文本内容和用户,同时也能够通过时间的编码方法来帮助捕获用户的活动模式。②为了合并时间感知的交互信息以及地理实体文本,本研究提出了带有时间门控机制的图卷积神经网络,该网络提供了一种融合多视角的多类型异质数据方法。实验结果表明,该模型优于现有的基线模型,且结果也表明了时间感知的交互信息在数据挖掘和人工智能应用上的有效性。

(3)研究内容三(融合多模态信息的多视角地理实体表征方法)。①根据地理实体的几何形态以及地理实体间存在的空间关系,面向地理实体表征的需求提出了一种自适应的空间关系构建方法,从不同的视角对多类型地理实体的空间关联进行准确全面的描述。②提出了一种融合多模态信息的多类型地理实体表示学习模型。该模型通过借鉴向量平移以及知识图中实体信息传播的思想,能够较好地融合地理实体的空间结构特征和文本特征,有效缓解数据稀疏和分布不平衡问题,从而能够准确地对不同分布模式下的地理实体表征建模。

第五节　结构安排

(1)第一章绪论。绪论部分包括研究背景、国内外研究现状、研究内容、研究的创新点等方面。从整体上全面介绍了本书的研究来源、研究目的及意义,对所研究的科学问题进行了明确的阐述,对相关工作进行了全面的分析,针对研究目标制订了相应的研究路线并明确阐述了不同研究内容之间的逻辑关系。

(2)第二章介绍了本书的相关数学及理论基础,对书中涉及到的相关知识点及技术手段进行了详细的介绍，包括：①研究内容一“引入义原结构信息的双层注意力词表征方法”中使用到的词训练框架 Skip－gram 模型；②研究内容二“人地交互视角下的地理实体文本表征方法”中使用到的 GCN 编码框架及其相应的图论基础；③研究内容三“融合多模态信息的多视角地理实体表征方法”中使用到的 Translation 系列知识表示学习模型等。

(3)第三章介绍了本书的第一个研究内容“引入义原结构信息的双层注意力词表征方法”。该研究为研究内容二的文本表征提供语义基础。本章分别从研究动机、问题定义、研究方法、实验和结果分析、讨论等方面对该研究进行阐述。具体地讲，针对现有研究存在的义原结构信息利用不充分的问题，该研究提出了基于义原结构的双层注意力词表征框架。该方法使用语义作为连接义原和词汇的编码桥梁，能够将语义内部义原之间存在的显式层级树状结构转换为隐式的权重计算，同时捕获语义在不同上下文中的义原倾向，从而有效地将义原的结构信息融入词表征中。本章在方法部分，介绍了该框架的组成及原理，并给出了该框架的两种具体实现。本章在实验部分，首先介绍实验数据集，包括训练集和两个任务的评估数据集；紧接着介绍了实验的设置，包括对照实验的设置和参数的选择；最后给出两个评估任务的度量指标和实验结果。本章在讨论部分，用具体的案例来说明本研究所建构的模型的内在机理，同时给出了将本研究所建构的模型与其他模型进行集成的一般步骤。

(4)第四章介绍了本书的第二个研究内容“人地交互视角下的地理实体文本表征方法”。该研究接收研究内容一提供的词表征，同时为研究内容三提供地理实体的文本特征/“人地”交互特征。本章分别从研究动机、研究方法、实验和结果分析、讨论等方面来对该研究进行阐述。具体地讲，针对现有地理实体文本表征研究存在的文本质量低、口语化、数据稀疏、数据分布不平衡、忽略了地理实体之间隐藏的“人地”交互信息等问题，该研究将人类活动数据中存在的对象(词、文本、用户以及日期)作为节点，并用异构图来建模这些对象之间隐含的“人地”交互信息(边)，然后采用时间感知的图神经网络(GNN)来捕获并融合“文本视角”和“时间视角”下的“人地”交互特征，从而得到包含“人地”交互信息的地理实体文本表征。本章在方法部分，介绍了以异构图的形式进行组织的“人地”交互构建过程，并在此基础上介绍了用于捕获“人地”交互特征的地理实体表征模型。本章在实验部分，首先介绍实验数据集的构建过程，该数据集在 Yelp 开源数据集的基础上构建得到；紧接着介绍实验的设置，包括数据集的划分、对照实验的设置、参数的选择以及实验评估度量；最后给出模型在地理实体分类任务上的评估结果。本章在讨论部分，从多种不同的角度来对模型的有效性及内在机理进行分析，包括训练时间开销、模型收敛性、模型鲁棒性、节点间交互的重要性、消融分析等。

(5)第五章介绍了本书的第三个研究内容“融合多模态信息的多视角地理实体表征方法”。该研究接收研究内容二得到的地理实体文本特征/“人地”交互特征，目的在于实现融合多模态信息的多类型地理实体表征。本章分别从研究动机、研究方法、实验和结果分析、讨论等方面来对该研究进行阐述。具体地讲，针对现有研究存在的表征视角单一、表征模态单一等问题，该研究以知识图(异构图)的形式对多类型地理实体进行统一组织，并引入研究内容二得到的“人地”交互特征，提出一种包含多类型地理实体空间结构信息的多模态地理知识表示学习方法来对地理实体的表征进行建模。该方法能够有效地将地理实体的文本特征与地理实体之间的空间依赖信息相融合，从而实现多类型地理实体的准确建模。本章在方法部分，介绍了该研究的基本框架以及该框架包含的两个主要部分：①多类型地理实体的统一空间关系自动化构建（获取空间特征）；②融合多模态特征的地理实体表征方法（融合空间特征和“人地”交互特征/地理实体文本特征的地理实体表征）。本章在实验部分，首先介绍了实验数据集；紧接着介绍实验的设置，包括数据集的划分、对照实验的设置、参数的选择以及实验评估度量；最后给出模型在链路预测、地理实体分类等任务上的评估结果。本章在讨论部分，从多种不同的角度来对模型的有效性及内在机理进行分析，包括模型鲁棒性、数据集规模的影响、消融分析等。

（6）第六章结束语。本章从整体上全面地总结了本书的研究内容，阐述了研究的主要贡献点和核心结论，对研究中存在的不足进行了客观的分析，对该研究方向现存的一些机遇与挑战也进行了分析，并对未来的研究进行了规划。

第二章 相关数学及理论基础

本章将介绍本研究内容中涉及的相关数学及理论基础。本研究围绕地理实体的表征展开，其中第一节介绍了表示学习的基本概念；在第二节中介绍了研究内容一“引入义原结构信息的双层注意力词表征方法”中使用到的词训练框架 Skip - gram 模型；第三节至第五节介绍了研究内容二“人地交互视角下的地理实体文本表征方法”中使用到的 GCN 编码框架及其相应的图论基础；第六节介绍了研究内容三“融合多模态信息的多视角地理实体表征方法”中使用到的 Translation 系列知识表示学习模型，包括 TransE、TransH、TransR 以及 TransD。

第一节 表示学习的基本概念

在介绍表示学习的相关概念之前先简单地了解一下特征工程与特征学习的相关概念。在机器学习任务中，数据的特征往往作为模型的输入，这也意味着机器学习模型的效果在很大程度上取决于数据特征的质量。数据特征的生成主要有两种方案：特征工程和特征学习。其中特征工程主要指通过人工（通常指领域专家）分析数据的特点，从而给出能合理描述该数据的几种不同的显著指标来作为该数据的特征；特征学习是指通过机器学习的手段自动化地生成数据特征，由于该过程是自动化的，所以特征学习模型通常使用数据自身的结构作为优化的目标（结构学习），学到的是包含数据结构的潜在特征。如图 2 - 1 所示，可以直接使用特征工程得到的特征作为下游任务的输入（蓝色虚线所在单向流），也可以使用特征学习学到的特征作为下游任务的输入（红色虚线所在单向流）。当然目前常用的方式是将人工定义的特征与特征学习学到的结构特征相结合（所有黑色虚线构成的单向流）。

表示学习的目的是通过机器学习的手段将待表征的对象嵌入到“低维、稠密、连续”的语义隐向量空间中，同时使得嵌入对象之间的语义关联（数据结构信息）能够在表征向量中得以保存，这是一种高效的数据特征学习策略。其中“低维、稠密、连续”是一种相对的概念，以独量表示（one - hot representation）为例（无需学习过程），此时每个对象将在表征向量中独占一个维度，这不仅会使得对象之间原有的语义关联缺失（每个对象的表征向量是离散且正交的），同时还会导致“维度灾难”（由于每个对象独占一个维度，故向量的维度和待表征对象的数量成正比）。“低维、稠密、连续”意味着在一个有限的向量维度空间内，对对象进行表征，同时使得语义相近的对象在隐向量空间中能够相互靠近。

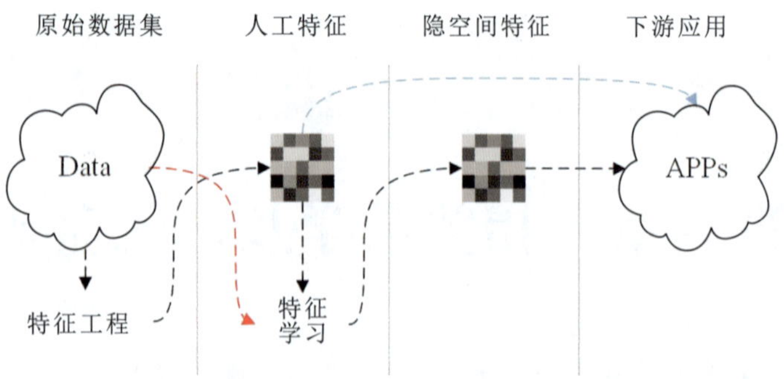

图 2-1 特征工程与特征学习

表示学习得到的表征向量也称之为分布式表示(distributed representation)。分布式意味着表示学习学习到的向量是一个整体,因此表征向量的每一个向量维度若单独拿出来看都是没有意义的,但是所有的向量维度合在一起却能够反映对象的语义信息(即对象的语义可以看作是在每一个维度上的联合分布)。该分布式表征机制正是对人脑神经元的效仿,单个神经元对应向量的某个维度,神经元的抑制或激活状态对应于向量在该维度上的数值,单独看单个神经元的激活或者抑制状态是没有意义的,但是多个神经元的抑制或激活却可以表示具体的含义。

第二节 Skip-gram 模型

词表征模型的目标是将词嵌入到低维、连续、稠密的语义空间中。早期的模型通常使用神经语言模型(Neural Language Model,NLM)来生成词表征向量(词级别的表征模型)。其中典型的代表为 Word2Vec 模型,如图 2-2 所示,包括 CBOW(Continuous Bag-of-Words Model)模型和 Skip-gram(Continuous Skip-gram Model)模型。Word2Vec 的核心思想是具有相似上下文的词(或者出现在同一上下文滑动窗口中的词),其对应表征向量在语义空间中应该相互靠近。

Skip-gram 模型通过给定目标词(the center word)来预测上下文中的词(the surrounding words)。Skip-gram 模型在训练过程中尝试最大化以下似然函数:

$$L(H)=\sum_{t=k}^{n-k}\log Pr(w_{t-k},\cdots,w_{t+k}\mid w_t)\cong\sum_{t=k}^{n-k}\log\prod_{w_c\in C(w_t)}Pr(w_c\mid w_t)\qquad(2-1)$$

其中,n 是文本语料的大小,即语料中包含的词汇数量。$Pr(w_{t-k},\cdots,w_{t+k}\mid w_t)$ 表示通过目标词 w_t 来预测其对应上下文$[w_{t-k},\cdots,w_{t+k}]$的概率。$[w_{t-k},\cdots,w_{t+k}]$由当前词 w_t 的前 k 个词以及后 k 个词组成,k 表示上下文窗口的大小。例如,对于文本序列"I twisted an apple off the tree",当目标词为"apple"并且 $k=2$ 时,$[w_{t-k},\cdots,w_{t+k}]=$[twisted,an,off, the]。基于上下文独立的假设，通过目标词 w_t 来预测其对应上下文 $[w_{t-k},\cdots,w_{t+k}]$ 的概率可以转化为单独预测上下文中每一个词的概率乘积：$Pr(w_{t-k},\cdots,w_{t+k}\mid w_t)\cong\prod_{w_c\in\boldsymbol{C}(w_t)}Pr(w_c\mid w_t)$，其中 $Pr(w_c\mid w_t)$ 表示目标词和上下文词在窗口中共现概率，$\boldsymbol{C}(w_t)=[w_{t-k},\cdots,w_{t+k}]$（图 2-2）。

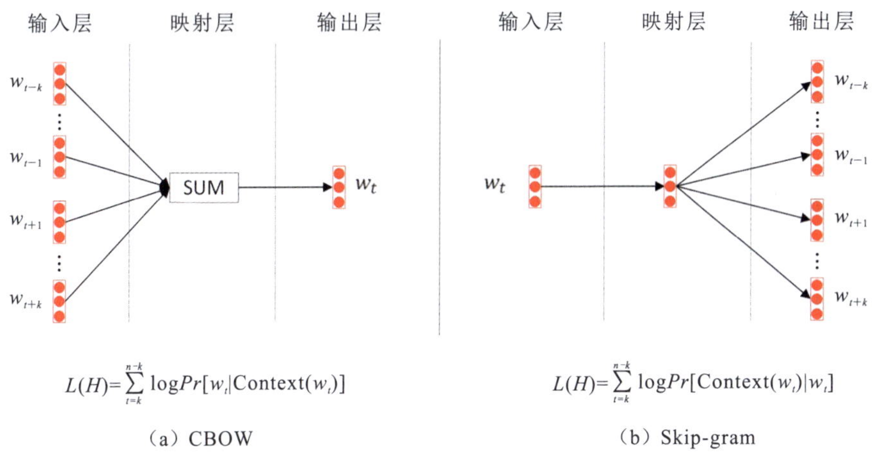

图 2-2　Word2Vec 模型

通过引入负采样策略，目标词和上下文中每一个词的共现概率公式如下：

$$Pr(w_c\mid w_t)\cong\sigma(\boldsymbol{w}_c^{\mathrm{T}}\cdot\boldsymbol{w}_t)\prod_{w_t'\in\mathrm{NEG}(w_t)}[1-\sigma(\boldsymbol{w}_c^{\mathrm{T}}\cdot\boldsymbol{w}_t')]\tag{2-2}$$

其中，$\sigma(\cdot)$ 表示 sigmoid 函数，$\mathrm{NEG}(w_t)$ 为对应于目标词 w_t 的负采样词集合。负采样的目的是使上下文词 w_c 尽量和目标词 w_t 在语义空间中相靠近，同时尽量和负采样集合中的负样本 w_t' 在语义空间中相远离。对应于公式，即让 w_c 和 w_t 的共现概率 $\sigma(\boldsymbol{w}_c^{\mathrm{T}}\cdot\boldsymbol{w}_t)$ 大于 w_c 和 w_t' 的共现概率 $\sigma(\boldsymbol{w}_c^{\mathrm{T}}\cdot\boldsymbol{w}_t')$。

第三节　图论基础

图(Graph)是 GNNs 的基本操作对象，针对本书研究内容二“人地交互视角下的地理实体文本表征方法”中使用到的 GCN，本节介绍一些基本的图论知识。

图的相关符号和定义如表 2-1 所示，其中当节点 u 和节点 v 构成的边 $e=\{u,v\}$ 时，意味着节点 u 和节点 v 相邻。同时边 e 可以有向也可以无向，当图中的所有边都为有向边时，意味着该图为有向图；当图中的所有边都为无向边时，意味着该图为无向图。图的几种代数表示形式如表 2-2 所示。

表 2-1　图的基本符号及定义

符号	定义
$G=(V,E)$	图
V	节点集合
E	边集合
$e=\{u,v\}$	由节点 u 和节点 v 构成的边
$d(v)$	节点 v 的度

表 2-2　图的代数表示

名称	符号	数学表示
邻接矩阵 (adjacency matrix)	$\boldsymbol{A}\in\boldsymbol{R}^{n\times n}$	$\boldsymbol{A}_{ij}=\begin{cases}1,\text{if}\ \{v_i,v_j\}\in E\ \text{and}\ i\neq j,\\0,\text{otherwise.}\end{cases}$
关联矩阵 (incidence matrix)	$\boldsymbol{M}\in\boldsymbol{R}^{n\times m}$	有向图： $\boldsymbol{M}_{ij}=\begin{cases}1,\text{if}\ \exists k\ \text{s.t}\ e_j=\{v_i,v_k\},\\-1,\text{if}\ \exists k\ \text{s.t}\ e_j=\{v_k,v_i\},\\0,\text{otherwise.}\end{cases}$ 无向图： $\boldsymbol{M}_{ij}=\begin{cases}1,\text{if}\ \exists k\ \text{s.t}\ e_j=\{v_i,v_k\},\\0,\text{otherwise.}\end{cases}$
度矩阵 (degree matrix)	$\boldsymbol{D}\in\boldsymbol{R}^{n\times n}$	$\boldsymbol{D}_{ii}=d(v_i)$
拉普拉斯矩阵 (laplacian matrix)	$\boldsymbol{L}\in\boldsymbol{R}^{n\times n}$	$\boldsymbol{L}=\boldsymbol{D}-\boldsymbol{A}.$ $\boldsymbol{L}_{ij}=\begin{cases}d(v_i),\text{if}\ i=j,\\-1,\text{if}\ \{v_i,v_j\}\in E\ \text{and}\ i\neq j,\\0,\text{otherwise.}\end{cases}$
对称归一化的拉普拉斯矩阵 (symmetric normalized laplacian)	$\boldsymbol{L}^{\text{sym}}\in\boldsymbol{R}^{n\times n}$	$\boldsymbol{L}^{\text{sym}}=\boldsymbol{D}^{-\frac{1}{2}}\boldsymbol{L}\boldsymbol{D}^{-\frac{1}{2}}=\boldsymbol{I}-\boldsymbol{D}^{-\frac{1}{2}}\boldsymbol{A}\boldsymbol{D}^{-\frac{1}{2}}.$ $\boldsymbol{L}_{ij}^{\text{sym}}=\begin{cases}1,\text{if}\ i=j\ \text{and}\ d(v_i)\neq 0,\\-\dfrac{1}{\sqrt{d(v_i)d(v_j)}},\text{if}\ \{v_i,v_j\}\in E\ \text{and}\ i\neq j,\\0,\text{otherwise.}\end{cases}$
随机游走归一化的拉普拉斯矩阵 (random walk normalized laplacian)	$\boldsymbol{L}^{\text{rw}}\in\boldsymbol{R}^{n\times n}$	$\boldsymbol{L}^{\text{rw}}=\boldsymbol{D}^{-1}\boldsymbol{L}=\boldsymbol{I}-\boldsymbol{D}^{-1}\boldsymbol{A}.$ $\boldsymbol{L}_{ij}^{\text{rw}}=\begin{cases}1,\text{if}\ i=j\ \text{and}\ d(v_i)\neq 0,\\-\dfrac{1}{d(v_i)},\text{if}\ \{v_i,v_j\}\in E\ \text{and}\ i\neq j,\\0,\text{otherwise.}\end{cases}$

第四节　GNNs 的基本思想

GNNs 的出现在很大程度上受到了 CNNs 模型的启发。CNNs 能够从多尺度的局部空间特征（输入特征）中提取和组合具有高表示能力的特征（输出特征，embedding），从而导致了几乎所有机器学习领域的突破和深度学习的革命。CNNs 的特点在于：①局部连接（local connection）；②共享权值/参数（shared weights）；③层次化表达/多层编码（the use of multi-layer）。

这 3 个特点对于 GNNs 来说也同样的重要，因为：①图具有典型的局部连接结构，只不过是非欧空间中的局部连接。②共享权值可以极大地减小模型的参数量（模型规模），从而缩短计算开销（需要更新的参数较少）。另外，很重要的一点是共享权值是共享图结构的基础。③层次化表达是处理层级模式（如具体到抽象、单跳到多跳）的一种很好的方案。如图 2－3所示，GNNs 在图分析任务场景中主要充当特征学习的角色，要能够接收额外的特征输入（如节点属性等），然后把编码后的特征传递到下游任务中。针对上述 3 个特点，可知 GNNs 的编码应该有多层，即通过层次化的结构对输入的特征进行编码，并且在每一层的编码中需要考虑如何进行局部连接，而在节点与节点之间则要考虑如何进行权值共享。

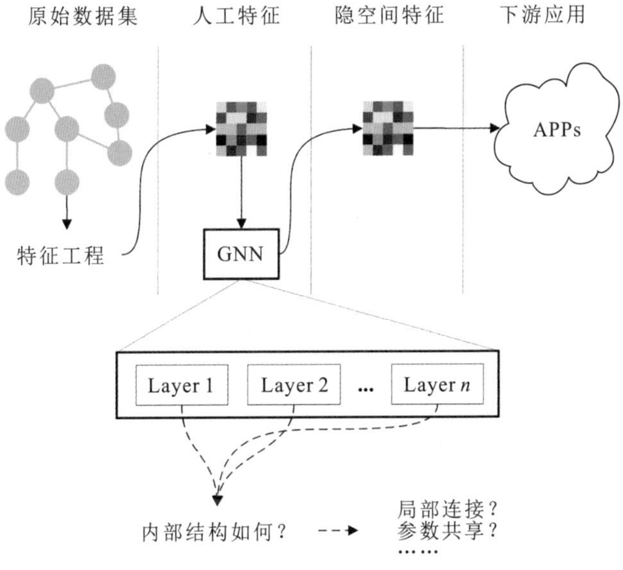

图 2－3　图分析任务场景中的 GNNs

如图 2－4 所示，假设有一个图 G（其相关符号和定义如表 2－1 所示），其对应的邻接矩阵表示为 $\boldsymbol{A}\in\boldsymbol{R}^{|V|\times|V|}$，节点特征为 $\boldsymbol{X}\in\boldsymbol{R}^{m\times|V|}$（初始特征，图 2－3 中 GNN 的输入矩阵）。

GNNs 的核心思想：目标节点嵌入(embedding)的生成依赖于其局部邻居节点。如图 2-5 所示，节点 A 的编码依赖于其邻居节点(节点 B、节点 C 以及节点 D)，同理，节点 A 的邻居节点的编码又依赖于其各自的邻居节点。依次类推，可以聚合多层的节点信息，此处仅以两层为例。其中每一层邻居节点的信息传递由神经网络来实现，如图 2-5中的黑盒所示。在此基础之上，对图 G 中的每一个节点都进行邻居节点信息聚合的操作，可以得到如图 2-6 所示的不同节点上的计算图。

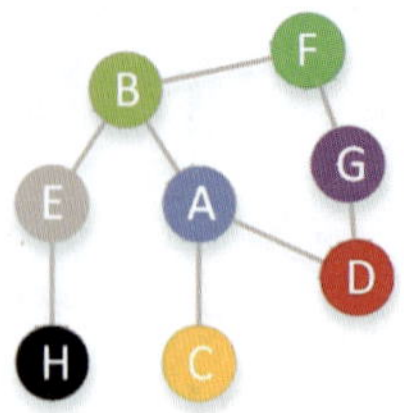

图 2-4　图 G

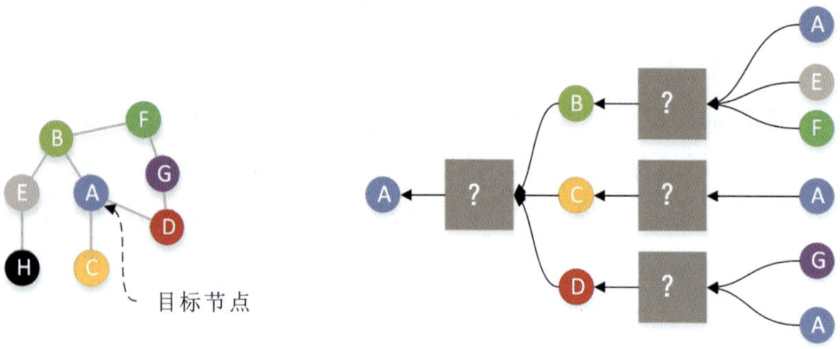

图 2-5　目标节点的信息聚合

上述层级的邻居节点信息聚合过程与 GNNs 的 3 个特点的对应关系如下：

(1)局部连接(local connection)→目标节点依赖于邻居节点。

(2)共享权值/参数(shared weights)→层与层之间使用神经网络进行信息传递，同层节点之间可共享神经网络参数。

(3)层次化表达/多层编码(the use of multi-layer)→层级结构的多跳邻居节点信息聚合过程。

GNNs 层的定义如图 2-7 所示，Layer-0 对应节点的初始特征；Layer-1 对应邻居节点特征经过第 1 轮聚合后的结果；依次类推，Layer-k($k \geqslant 0$)对应邻居节点特征经过第 k 轮聚合后的结果。理论上可以是任意的层数，每一层都可以得到对应的节点嵌入。

接下来将用具体的数学公式对上述 GNNs 的层级特征编码过程进行表达。关键在于如何聚合邻居节点的信息(黑盒的输入，怎样接收上一层传过来的信息)以及如何在层间进行信息传递(黑盒怎样定义？怎样将信息传到下一层?)。

如图 2-7 所示，可知：①聚合邻居节点信息。从 CNNs 的卷积过程中可以得到启发。CNNs 采用固定大小的卷积核来聚合局部邻居的信息，但是在图 2-7 中，邻居节点的数量是不固定的，是否可以定义可变大小的卷积核？此处定义中心环绕(center-surround)的卷积核，其大小等于邻居节点的数量，操作为均值操作(可以为其他的计算方式，此处以均值为例)。②层间信息传递。层间信息传递的方法其实也是区分不同种类 GNNs 的重要依据，不

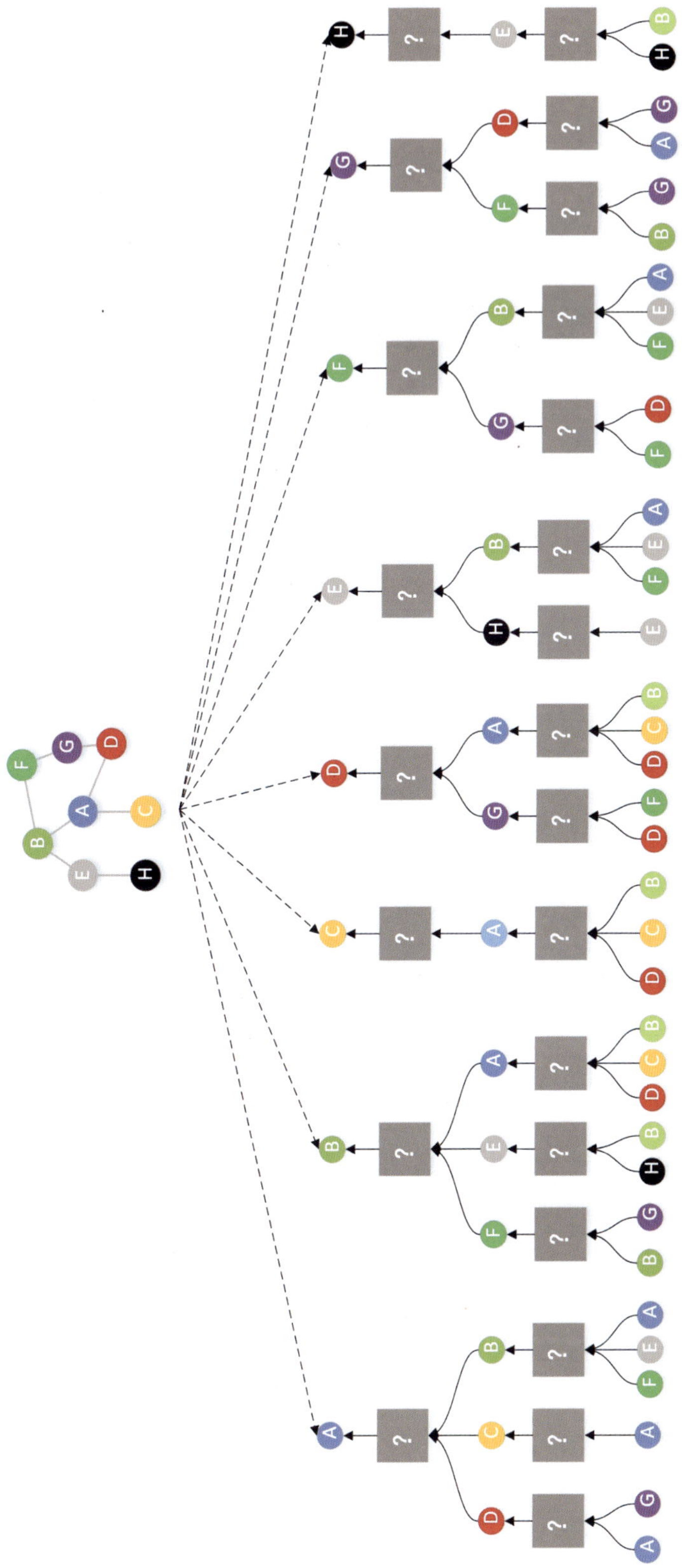

图 2-6　不同节点上的计算图表示

同的 GNNs,其信息传递方式不同(不同种类的 GNNs 将在后续的章节中再详细介绍),此处作为示例,采用全连接神经网络来进行层间信息的传递。

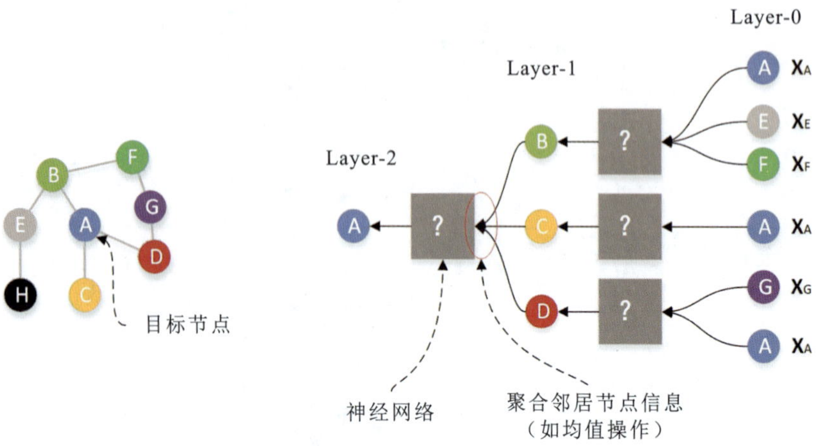

图 2-7　GNNs 的层次化编码

于是 GNNs 的层次化编码可以表示为:

$$\begin{cases} \boldsymbol{h}_v^0 = \boldsymbol{x}_v, \\ \boldsymbol{h}_v^k = \sigma\left(W_k \sum\limits_{u \in N(v)} \dfrac{\boldsymbol{h}_u^{k-1}}{|N(v)|} + B_k \boldsymbol{h}_v^{k-1}\right), \forall k > 0, \\ \boldsymbol{z}_v = \boldsymbol{h}_v^n \end{cases} \tag{2-3}$$

其中,$\boldsymbol{h}_v^0 = \boldsymbol{x}_v$ 表示 Layer-0 的 embedding 等于节点的初始化特征;$\boldsymbol{h}_v^k$ 表示节点 v 在第 k 层的嵌入;$\sum\limits_{u \in N(v)} \dfrac{\boldsymbol{h}_u^{k-1}}{|N(v)|}$ 表示邻居节点嵌入的均值,$|N(v)| = d(v)$;$\boldsymbol{z}_v = \boldsymbol{h}_v^n$ 表示经过 n 层的编码之后得到的结果作为最终的嵌入。σ 表示激活函数,W_k 和 B_k 为神经网络的参数,如图2-8 所示,也是节点之间共享的网络参数,其中 W_k 用来传递邻居节点的信息,B_k 用来传递自身的信息。

为了得到最终的嵌入,还需要对模型的参数(W_k 和 B_k)进行训练,这意味着需要有一个训练目标。如果使用无监督任务作为目标,那么学习到的通常是图结构本身[如 Node Embedding 的目标:similarty$(u,v) \approx \boldsymbol{z}_u^{\mathrm{T}} \boldsymbol{z}_v$]。当然也可以将编码的结果放到任意与图分析任务相关的模型中进行训练(如节点分类)。

本节介绍了 GNNs 特征编码的基本思想,并给出了相应的公式化表达。但上述过程只是为了方便理解 GNNs 的编码过程,并没有从数学原理上进行解释,其数学原理涉及到谱图卷积,接下来的一节中将详细讲述。

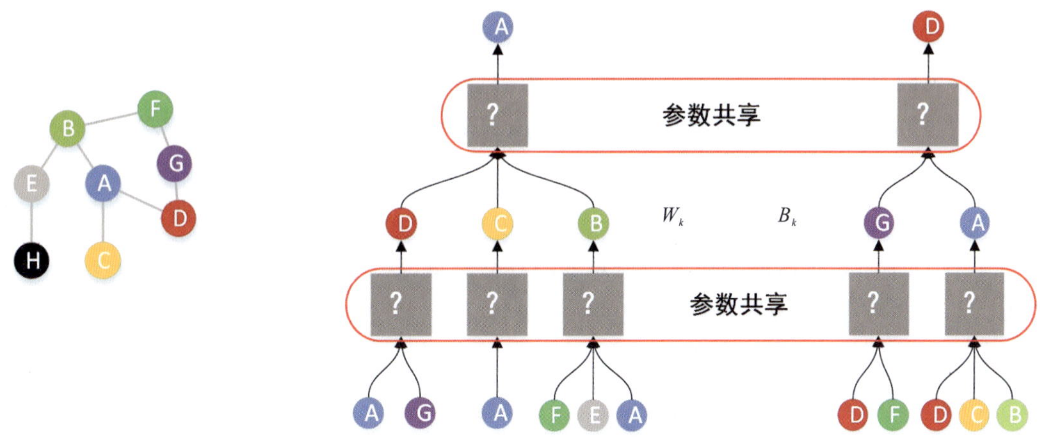

图 2-8　GNNs 中的参数共享

第五节　GCN 模型

GCN 由于其高性能、高解释性等特点，近年来受到了广泛的关注。本节主要介绍 GCN 的相关原理。先不加证明的给出 GCN 的节点信息聚合方式，如下：

$$\boldsymbol{h}_v^k=\sigma\left(W_k\sum_{u\in N(v)\cup v}\frac{\boldsymbol{h}_u^{k-1}}{\sqrt{|\widetilde{N}(u)||\widetilde{N}(v)|}}\right),\forall k>0 \qquad (2-4)$$

其中，$\widetilde{N}(u)=N(u)\cup u$，$|\widetilde{N}(u)|=d(u)+1$，即考虑自连接。对比在第四节中给出的 GNNs 基本信息聚合公式：$\boldsymbol{h}_v^k=\sigma\left(W_k\sum_{u\in N(v)}\frac{\boldsymbol{h}_u^{k-1}}{|N(v)|}+B_k\boldsymbol{h}_v^{k-1}\right)$，可以发现：

(1) 在 GCN 中邻居节点和当前节点共享相同的参数矩阵 W_k，而在基本公式中，W_k 用来传递邻居节点的信息，B_k 用来传递自身的信息。这使得在 GCN 中有更紧密的参数共享。

(2) 代替了基本公式中的均值操作，GCN 中每一个邻居节点都进行了度的归一化操作。这意味着度越高的邻居节点在信息传播的过程中权重越低（度越高的节点往往信息越复杂，噪声可能也越多）。

从经验上来讲，以上两个特点使得 GCN 能够取得好的效果。那么 GCN 背后的原理到底是什么呢？

将式(2-4)改写成批量操作的形式：

$$\boldsymbol{H}^{(k+1)}=\sigma\left(\widetilde{\boldsymbol{D}}^{-\frac{1}{2}}\widetilde{\boldsymbol{A}}\widetilde{\boldsymbol{D}}^{-\frac{1}{2}}\boldsymbol{H}^{(k)}\boldsymbol{W}_k\right) \qquad (2-5)$$

其中，$\widetilde{\boldsymbol{A}}=\boldsymbol{A}+\boldsymbol{I}_{|V|}$，$\widetilde{\boldsymbol{D}}_{ii}=\sum_j \widetilde{A}_{ij}=\boldsymbol{D}+\boldsymbol{I}_{|V|}$。节点度矩阵 $\boldsymbol{D}\in\boldsymbol{R}^{|V|\times|V|}$ 为对角矩阵 $\boldsymbol{D}_{ii}(\boldsymbol{\Lambda})=d(v_i)$。接下来我们将给出式(2-5)的理论证明。

在谱网络(spectral network)中，通过对图拉普拉斯矩阵 $\boldsymbol{L}=\boldsymbol{D}-\boldsymbol{A}$ 进行特征分解，从而可以在傅里叶域中定义卷积运算。该过程可以被定义为以 $\theta\in\boldsymbol{R}^N$ 为参数的滤波器 $\boldsymbol{g}_\theta=\mathrm{diag}(\theta)$ 与信号(signal) $\boldsymbol{x}\in\boldsymbol{R}^N$ 的乘积：

$$\boldsymbol{g}_\theta * \boldsymbol{x}=\boldsymbol{U}\boldsymbol{g}_\theta(\boldsymbol{\Lambda})\boldsymbol{U}^{\mathrm{T}}\boldsymbol{x} \tag{2-6}$$

其中，$\boldsymbol{U}$ 是归一化后的图拉普拉斯矩阵的特征向量，$\boldsymbol{L}^{\mathrm{sym}}=\boldsymbol{D}^{-\frac{1}{2}}\boldsymbol{L}\boldsymbol{D}^{-\frac{1}{2}}=\boldsymbol{I}_N-\boldsymbol{D}^{-\frac{1}{2}}\boldsymbol{A}\boldsymbol{D}^{-\frac{1}{2}}=\boldsymbol{U}\boldsymbol{\Lambda}\boldsymbol{U}^{\mathrm{T}}$，$\boldsymbol{\Lambda}$ 是与特征向量对应的特征值的对角矩阵。

为了计算 $\boldsymbol{g}_\theta(\boldsymbol{\Lambda})$，Hammond 等(2011)建议将其近似为切比雪夫多项式 $T_k(x)$ 的 K 阶(K^{th} order)截断式，即：

$$\boldsymbol{g}_\theta * \boldsymbol{x}\approx\sum_{k=0}^{K}\theta_k\boldsymbol{T}_k(\widetilde{\boldsymbol{L}})\boldsymbol{x} \tag{2-7}$$

其中，$\widetilde{\boldsymbol{L}}=\frac{2}{\lambda_{\max}}\boldsymbol{L}-\boldsymbol{I}_N$，$\lambda_{\max}$ 表示 $\boldsymbol{L}$ 的最大特征值，$\theta\in\boldsymbol{R}^K$ 是切比雪夫多项式的系数。切比雪夫多项式中的每一项定义为 $T_k(x)=2xT_{k-1}(x)-T_{k-2}(x)$，$T_1(x)=x$，$T_0(x)=1$。可以发现当切比雪夫多项式在 K 阶(K^{th} order)截断时，$\boldsymbol{g}_\theta(\boldsymbol{\Lambda})$ 在图上的感知范围是 K 局部(K-localized)的。受到该启发，Defferrard 等(2016)提出 ChebNet(CNNgraph)，使用 K 局部的卷积来定义卷积神经网络，从而将卷积神经网络推广到图领域。

在 GCN 中，通过限制 $K=1$，并近似的认为 $\lambda_{\max}\approx 2$，于是式(2-7)可以表示成：

$$\boldsymbol{g}_\theta * \boldsymbol{x}\approx\theta_0'\boldsymbol{x}+\theta_1'(\boldsymbol{L}-\boldsymbol{I}_N)\boldsymbol{x}=\theta_0'\boldsymbol{x}-\theta_1'\boldsymbol{D}^{-\frac{1}{2}}\boldsymbol{A}\boldsymbol{D}^{-\frac{1}{2}}\boldsymbol{x} \tag{2-8}$$

其中包含两个参数 θ_0' 和 θ_1'，令 $\theta=\theta_0'=-\theta_1'$，可以得到：

$$\boldsymbol{g}_\theta * \boldsymbol{x}\approx\theta\left(\boldsymbol{I}_N+\boldsymbol{D}^{-\frac{1}{2}}\boldsymbol{A}\boldsymbol{D}^{-\frac{1}{2}}\right)\boldsymbol{x} \tag{2-9}$$

由于 $\lambda_{\max}\approx 2$，即特征值的范围属于[0,2]。当模型的层数较多时可能导致梯度爆炸或者消失的问题，于是在 GCN 中提出了一种归一化的技巧：$\boldsymbol{I}_N+\boldsymbol{D}^{-\frac{1}{2}}\boldsymbol{A}\boldsymbol{D}^{-\frac{1}{2}}\rightarrow\widetilde{\boldsymbol{D}}^{-\frac{1}{2}}\widetilde{\boldsymbol{A}}\widetilde{\boldsymbol{D}}^{-\frac{1}{2}}$，$\widetilde{\boldsymbol{A}}=\boldsymbol{A}+\boldsymbol{I}_N$，$\widetilde{D}_{ii}=\sum_j\widetilde{A}_{ij}$。因此当输入的信号为 $\boldsymbol{X}\in\boldsymbol{R}^{N\times C}$(每个节点对应 C 维的特征向量)，卷积的过程可以表示为：

$$\boldsymbol{Z}=\widetilde{\boldsymbol{D}}^{-\frac{1}{2}}\widetilde{\boldsymbol{A}}\widetilde{\boldsymbol{D}}^{-\frac{1}{2}}\boldsymbol{X}\boldsymbol{\Theta} \tag{2-10}$$

其中 $\boldsymbol{\Theta}\in\boldsymbol{R}^{C\times F}$，对应 F 个滤波器的参数，$\boldsymbol{Z}\in\boldsymbol{R}^{N\times F}$ 为卷积信号矩阵，表示成神经网络的形式，如式(2-5)所示，证毕。

第六节　经典的 Translation 系列知识表示学习模型

知识表示学习模型中的典型代表——基于翻译/平移(Translation)的模型,主要借鉴了 word embeddings 的思想,即平移不变性。核心的实现在于将关系表示为从头实体到尾实体的一种翻译/平移操作,各种模型的区别也主要体现在这上面。本节作为研究内容三"融合多模态信息的多视角地理实体表征方法"中知识表示学习模型的理论补充,将分别介绍"研究内容三"中使用到的 TransE、TransH、TransR 以及 TransD 模型。

Translation 模型属于无监督模型,且无额外的特征输入,学习的是知识图谱的结构表征,体现在实体表征以及关系表征在语义空间的分布上。表 2-3 中实体嵌入和关系嵌入对应模型待学习的实体表征和关系表征,也是模型的训练参数。

表 2-3　TransE、TransH、TransR 和 TransD 模型的实体关系嵌入定义、得分函数以及模型约束

模型	实体嵌入	关系嵌入	得分函数 $f_r(h,t)$	约束/正则化
TransE	$\boldsymbol{h},\boldsymbol{t}\in\boldsymbol{R}^d$	$\boldsymbol{r}\in\boldsymbol{R}^d$	$-\Vert\boldsymbol{h}+\boldsymbol{r}-\boldsymbol{t}\Vert_{1/2}$	$\Vert\boldsymbol{h}\Vert_2=1,\Vert\boldsymbol{t}\Vert_2=1$
TransH	$\boldsymbol{h},\boldsymbol{t}\in\boldsymbol{R}^d$	$\boldsymbol{r},\boldsymbol{w}_r\in\boldsymbol{R}^d$	$-\Vert(\boldsymbol{h}-\boldsymbol{w}_r^{\mathrm{T}}\boldsymbol{h}\boldsymbol{w}_r)+\boldsymbol{r}-(\boldsymbol{t}-\boldsymbol{w}_r^{\mathrm{T}}\boldsymbol{t}\boldsymbol{w}_r)\Vert_2^2$	$\Vert\boldsymbol{h}\Vert_2\leqslant1,\Vert\boldsymbol{t}\Vert_2\leqslant1$
TransR	$\boldsymbol{h},\boldsymbol{t}\in\boldsymbol{R}^d$	$\boldsymbol{r}\in\boldsymbol{R}^d$ $\boldsymbol{M}_r\in\boldsymbol{R}^{k\times d}$	$-\Vert\boldsymbol{M}_r\boldsymbol{h}+\boldsymbol{r}-\boldsymbol{M}_r\boldsymbol{t}\Vert_2^2$	$\Vert\boldsymbol{M}_r\boldsymbol{h}\Vert_2\leqslant1$ $\Vert\boldsymbol{M}_r\boldsymbol{t}\Vert_2\leqslant1$ $\Vert\boldsymbol{h}\Vert_2\leqslant1,\Vert\boldsymbol{t}\Vert_2\leqslant1$ $\Vert\boldsymbol{r}\Vert_2\leqslant1$
TransD	$\boldsymbol{h},\boldsymbol{w}_h\in\boldsymbol{R}^d$ $\boldsymbol{t},\boldsymbol{w}_t\in\boldsymbol{R}^d$	$\boldsymbol{r},\boldsymbol{w}_r\in\boldsymbol{R}^d$	$-\Vert(\boldsymbol{w}_r\boldsymbol{w}_h^{\mathrm{T}}+I)\boldsymbol{h}+\boldsymbol{r}-(\boldsymbol{w}_r\boldsymbol{w}_t^{\mathrm{T}}+I)\boldsymbol{t}\Vert_2^2$	$(\boldsymbol{w}_r^{\mathrm{T}}\boldsymbol{r})/\Vert\boldsymbol{r}\Vert_2\leqslant\epsilon$ $\Vert\boldsymbol{w}_r\Vert_2=1$ $\Vert\boldsymbol{h}\Vert_2\leqslant1,\Vert\boldsymbol{t}\Vert_2\leqslant1$ $\Vert\boldsymbol{r}\Vert_2\leqslant1$ $\Vert(\boldsymbol{w}_r\boldsymbol{w}_h^{\mathrm{T}}+I)\boldsymbol{h}\Vert_2=1$ $\Vert(\boldsymbol{w}_r\boldsymbol{w}_t^{\mathrm{T}}+I)\boldsymbol{t}\Vert_2=1$

TransE、TransH、TransR 以及 TransD 模型具有相同的最小化优化目标:

$$L=\sum_{(e_h,r,e_t)\in S}\ \sum_{(e_h',r,e_t')\in S'}[\gamma+d_r(h,t)-d_r(h',t')]_+ \tag{2-11}$$

其中,S 表示多关系地理知识图谱中的所有三元组集合,S' 为对应的负例三元组集合。γ 为正例和负例之间的区分度(margin)。$[x]_+\triangleq\max(0,x)$。$d_r(h,t)$ 表示三元组(h,r,t) 的能量,能量越低表示三元组(h,r,t) 的结构越稳定,与表 2-3 中得分函数 $f_r(h,t)$ 的对

应关系为 $f_r(h,t)=-d_r(h,t)$，即能量越低对应的得分越高。

在 TransE 和 TransH 模型中，实体嵌入和关系嵌入位于同一个向量空间中，与 TransE 模型不同的是 TransH 模型考虑为不同的关系构造不同的超平面，通过将头实体与尾实体映射到关系所属的超平面来完成头实体到尾实体的 translation 操作。在 TransR 和 TransD 模型中，实体与关系不再是处于同一个语义空间中，而是区分为实体空间与关系空间。在 TransR 模型中通过映射矩阵 $\boldsymbol{M}_r$ 将头尾实体映射到关系空间中完成头实体到尾实体的 translation 操作，与 TransR 模型不同的是，在 TransR 模型中由一个映射矩阵来完成头尾实体从实体空间到关系空间的映射操作，而 TransD 模型通过实体和关系共同确定的映射矩阵 $\boldsymbol{M}_{rh}$（头实体和关系共同决定）和 $\boldsymbol{M}_{rt}$（尾实体和关系共同决定）来分别完成头实体和尾实体从实体空间到关系空间的映射。

正确三元组对应的结构应该是稳定的，故其对应的能量应该尽量低，即对于每一个正确的三元组 $(e_h,r,e_t)\in S$，其对应的 $d_r(h,t)$ 应该尽量小；相反地，错误三元组的能量应该尽量高，即对于每一个错误三元组 $(e_h',r,e_t')\in S'$，其对应的 $d_r(h',t')$ 应该尽量大。这一点在优化目标中表现为约束 $[\gamma+d_r(h,t)-d_r(h',t')]_+\triangleq\max(0,\gamma+d_r(h,t)-d_r(h',t'))$，即 $\gamma+d_r(h,t)$ 应该尽量小于 $d_r(h',t')$。γ 是为了避免正例三元组和负例三元组之间的区分度过大而引入的 margin，若想二者区分度大些，则相应 γ 的取值也该稍大些，如果没有 γ，则极端的情况就是 $d_r(h',t')$ 变成了无穷大。

TransE、TransH、TransR 以及 TransD 模型具有相同的优化目标，如表 2－3 所示，其区别在于得分函数 $f_r(h,t)=-d_r(h,t)$ 的设计上，图 2－9 给出了这些模型的核心设计思想。

（1）在 TransE 模型中，直接从三元组 (h,r,t) 的物理含义出发设计得分函数，即 $\boldsymbol{h}+\boldsymbol{r}\approx\boldsymbol{t}$。TransE 模型是简单而又有效地，但正是由于其过于简单，其存在的缺陷也显而易见，如 TransE 模型不善于处理自反（reflexive）、多对一（many-to-one）、一对多（one-to-many）、多对多（many-to-many）等关系。

（2）针对 TransE 模型中存在的问题，TransH 考虑为不同的关系构造不同的超平面，通过将头实体与尾实体映射到关系所属的超平面来有效缓解 TransE 中存在的问题。如表 2－3所示，超平面由其对应超平面法向量 $\boldsymbol{w}_r\in\boldsymbol{R}^d$ 来表示，$\boldsymbol{w}_r^{\mathrm{T}}\boldsymbol{h}\boldsymbol{w}_r$ 对应头实体在超平面上的投影操作。

（3）TransR 的核心思想在于单一的实体表示应该是包含各种方面（特征）的，不同的关系应该对应实体的不同方面。例如，语义相似的实体在实体空间中应该是相互靠近的，但是在不同的关系下，实体所体现的不同方面可能使原本相近的实体相互远离，如图 2－9 中，在实体空间中原本相近的实体（虚线圈中的圆形实体和三角形实体），在特定的关系 r 的空间中可能会相互远离（三角形实体离开了虚线圈）。

（4）TransD 模型认为从头实体到尾实体的 translation 操作应该由实体和关系共同来决定，而不是单单指关系 r，但是在 TransE、TransH 以及 TransR 中都忽略了这一点。如：TransE 中为每种关系定义的向量 $\boldsymbol{r}$，TransH 中为不同的关系定义的超平面 $\boldsymbol{w}_r$，TransR 中为每种关系定义的映射矩阵 $\boldsymbol{M}_r$。

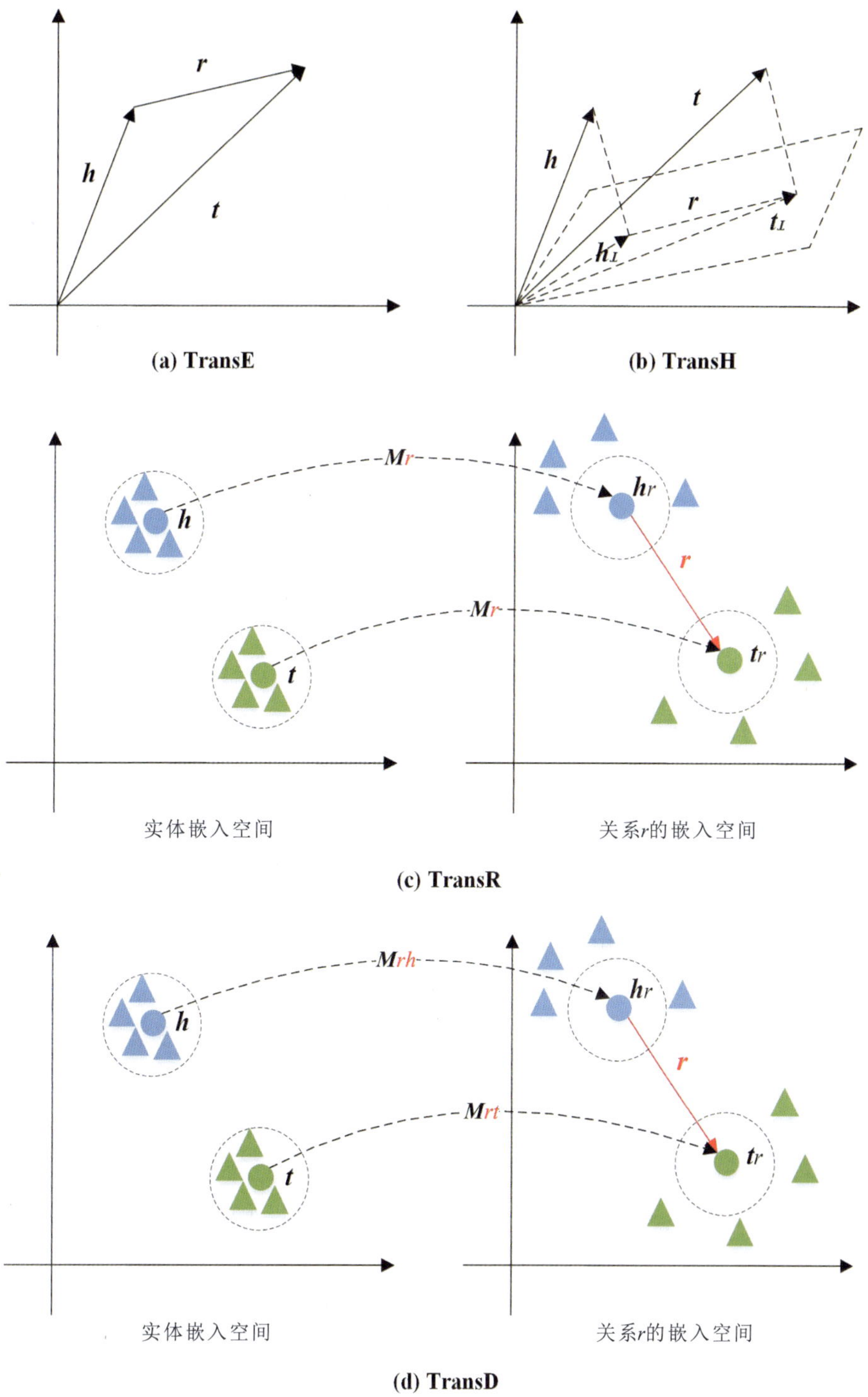

图 2-9　TransE、TransH、TransR 和 TransD 模型对比图

第三章　引入义原结构信息的双层注意力词表征方法

在本章中，将引入义原知识库来对现有的词表征模型进行优化，提出的方法能够有效改善词的稀疏性问题，从而为研究内容二“人地交互视角下的地理实体文本表征方法”提供语义基础。

第一节　研究动机

在近年来涌现的大量词表征相关的工作中，Word2Vec 模型在效率和表征效果上达到了较好的平衡。Word2Vec 将词表中的所有词嵌入到一个统一的低维向量空间中，在语料中共享相似上下文的词，其对应的向量表示在语义空间中也将越靠近。在训练过程中，词向量的值将会被不断的调整，直到语料中相近的词其对应的词向量在向量空间中足够靠近。但是由于词的稀疏性①，导致语料中的低频词由于训练不充分而无法得到准确的向量表示。

近期的相关研究表明：使用外部知识来作为文本语料的补充能够有效地提升词表征的质量(见第一章第一节)。其中，“词-语义-义原”(Word - Sense - Sememe)知识是一种易于组织和理解词汇及其语义之间关联关系的形式。如图 3 - 1 所示，义原被定义为描述词义的最小语义单元，并存在一个用于描述词义集合的有限封闭义原集合。在示例中，词(第一层)“apple”(苹果)由 3 种语义(第二层)组成：“apple brand”(苹果品牌)(一个著名的电脑品牌)、“apple”(苹果)(一种水果)以及“apple tree”(苹果树)。第三层是用来解释语义的义原。构成语义“apple brand”(苹果品牌)的义原为：“computer”(电脑)、“pattern value”(模式值)、“able”(能)、“bring”(携带)以及“spe brand”(特定品牌)；构成语义“apple”(苹果)的义原为“fruit”(水果)；构成语义“apple tree”(苹果树)的义原为：“fruit”(水果)、“reproduce”(生殖)以及“tree”(树)。通过引入“词-语义-义原”知识，SE - WRL(Sememe Encoded Word Representation Learning)模型在词表征上得到了显著地提升。

①语料的词频统计结果通常呈长尾状分布，使用较多的只是少数词，多数的词在语料中出现的次数较少，这是由人类的语言特性和表达习惯决定的。

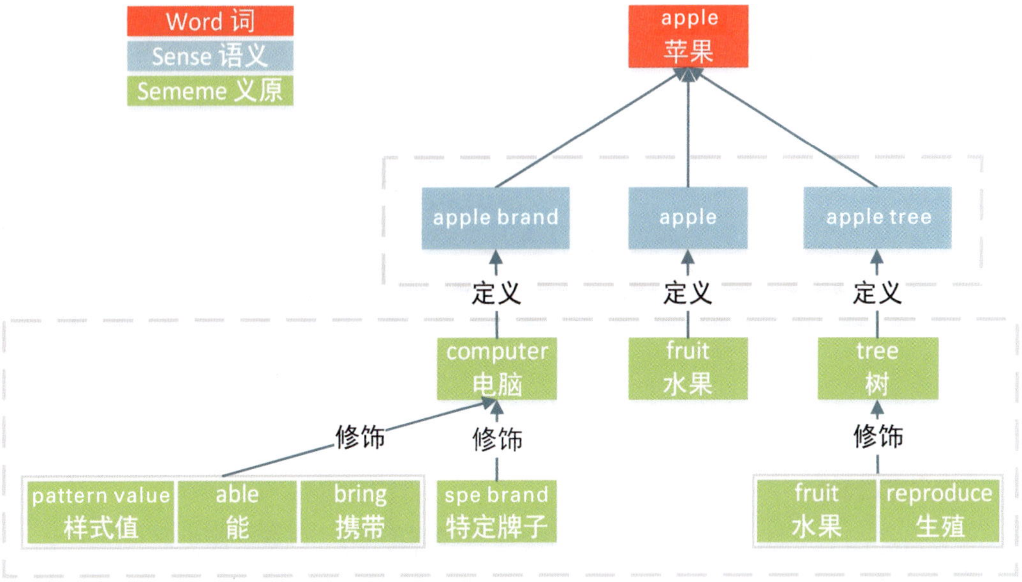

图 3-1　“词-语义-义原”结构示例

SE-WRL 模型在编码语义的过程中，认为语义内部的义原对语义的贡献是一样的，即同一语义内部的义原权重相同。但是义原的本质决定了构成语义的义原权重是不同的，其权重分布需要根据具体的情况进行计算。导致同一语义下义原的权重不一致的主要原因有以下两点：

(1)义原是以层级树状结构进行组织的，不同的语义都有自己对应的义原层级结构。义原在“词-语义-义原”知识库中是以层级结构进行组织的，如图 3-1 中语义“apple brand”(苹果品牌)内部的所有义原所示。由于层级结构的存在，导致义原之间存在语义融合的情况，这意味着处于不同层级不同分支的义原通常是不等价的(处于同级的义原在大多数情况下也是不等价的，见第(2)点原因)。例如，语义“apple brand”(苹果品牌)内部的义原“computer”(电脑)可以用下层的义原“computer”(电脑)、“pattern value”(模式值)、“able”(能)、“bring”(携带)和“spe brand”(特定品牌)进行修饰，因此上层的义原通常比下层的义原携带更多的语义信息。

(2)义原所处上下文环境是在不断变化的。词义[①](semantic)需要在具体的上下文中才能被确定，同理，义原也将受到词所处上下文的影响。如图 3-2 所示，当词“apple”(苹果)出现在上下文“I am going to the store now”中时，依据常识可以知道此时词“apple”(苹果)的

①语义(sense)存在于词的内部，并不随上下文的变化而改变，如词“apple”(苹果)由 3 种语义组成：“apple brand”(苹果品牌)、“apple”(苹果)以及“apple tree”(苹果树)。而词义(semantic)与词所处的上下文相关，在不同的上下文中，词义通常不同，一般表现为词的某个语义或者几个语义的融合。

词义应该倾向于靠近语义(sense)“apple brand”(苹果品牌)。此时,语义内部的义原权重也有不同的倾向,义原“特定牌子(spe brand)”相较于语义“apple brand”(苹果品牌)内部的其他义原应该具有更高的权重。因此,语义内部的义原权重应该随上下文动态的改变而改变,这样才能更好地生成上下文中的语义表征。

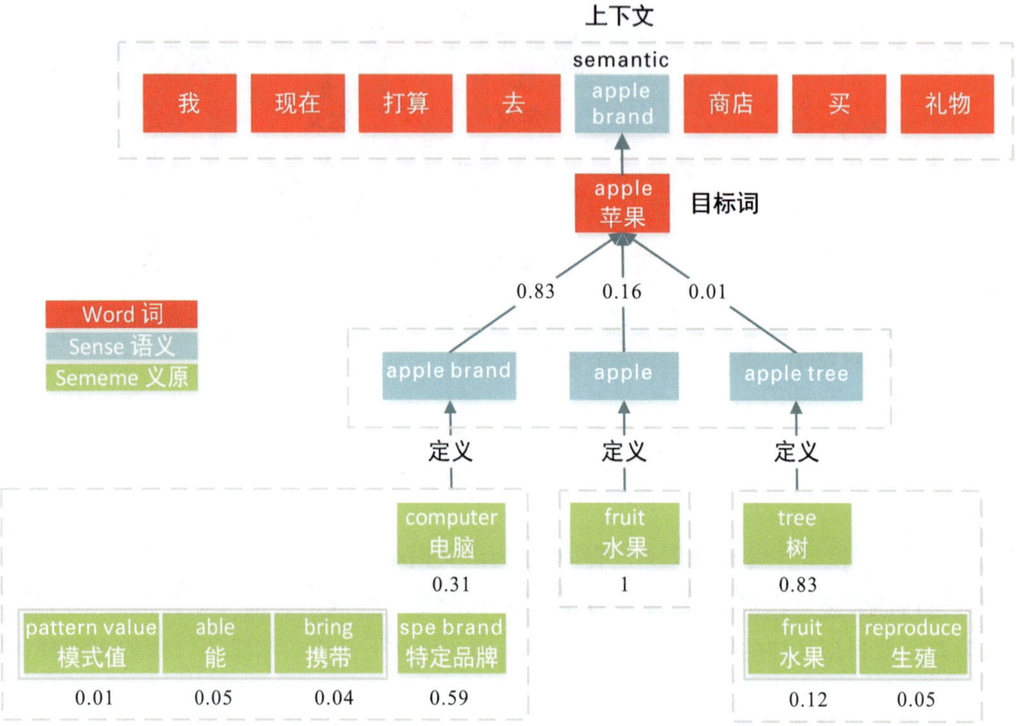

图 3-2　语义和义原在上下文中的权重变化

本研究将通过契合“词-语义-义原”结构的“双层注意力”机制来改善词表征,其主要目的在于:①将语义内部义原之间存在的显式层级树状结构转换为隐式的权重计算;②捕获语义在不同上下文中的义原倾向。具体地讲,本研究提出了一个 DAWE(Double Attention-based Word Embedding)编码框架。该编码框架使用语义作为连接义原和词汇的编码桥梁,即词将被表示成其对应语义集合的融合表征,而语义将被表示成其对应义原集合的融合表征。

第二节　符号及问题定义

本节中使用到的符号定义如下：W、S 和 X 分别表示词集合、语义集合以及义原集合。对于每一个词 $w\in W$，存在多个义原 $s_i^{(w)}\in S^{(w)}$ 与其相对应，其中 $S^{(w)}$ 表示和词 w 相对应的语义集合；对于每一个语义 $s_i^{(w)}$，存在多个不同的义原 $x_j^{(si)}\in X_i^{(w)}$ 与其相对应，$X_i^{(w)}$ 表示与词 w 的第 i 个语义相对应的义原集合；$C(w)$表示与词 w 相对应的上下文词集合。$w/s/x$ 的粗体形式 $\boldsymbol{W}/\boldsymbol{S}/\boldsymbol{X}\subset\boldsymbol{R}^D$ 用于表示词向量/语义向量/义原向量，D 是向量的维度。

定义 1：词表征(Word Embedding/Word Representation Learning)

如图 3－3 所示，对于文本语料 C，词表征模型将 C 中每一个单词 $w\in W$ 映射到一个低维连续的语义空间$\boldsymbol{R}^D$ 中，同时保证最终得到的 embedding(向量)能够体现原始语料 C 中词与词之间的相关性。如图 2－3 中词“first”“second”和“third”在最终的词嵌入空间中相互靠近，其原因在于它们享有相似的上下文“This is the～sentence”。

定义 2：使用义原对词进行编码(Encoding Words with Sememes)

使用义原对词进行编码的过程是使用义原来对词的语义进行补充的过程。在这个过程中，词表征将被简单地映射为从义原到词的编码过程，即词向量将通过其对应的义原集合编码来获得：

$$\boldsymbol{w}=f_{X\to w}(X^{(w)},\theta_{X\to w}) \tag{3-1}$$

其中 $\theta_{X\to w}$ 表示将义原集合 $X^{(w)}$ 编码到其对应的词 w 的过程中使用到的参数。$f_{X\to w}(X^{(w)},\theta_{X\to w})$ 可以指一些比较简单的编码函数，如求和操作$\left[f_{X\to w}(X^{(w)},\theta_{X\to w})=\sum_{i=1}^{|X(w)|}\boldsymbol{x}_i^{(w)}\right]$、均值操作$\left[f_{X\to w}(X^{(w)},\theta_{X\to w})=\frac{1}{|X^{(w)}|}\sum_{i=1}^{|X(w)|}\boldsymbol{x}_i^{(w)}\right]$等，也可以是一些神经网络模型，如 $f_{X\to w}(X^{(w)},\theta_{X\to w})=\sigma(\boldsymbol{W}\cdot\boldsymbol{X}^{(w)}+b)$，其中$\sigma$ 表示激活函数，$\boldsymbol{W}$是权重矩阵，b 表示偏置项。

定义 3：通过语义桥梁连接义原对词的编码过程(Encoding Words with Sememes through Senses)

一个词可能有多个不同的语义，而每个语义又对应由多个不同的义原来进行描述。因此，“词-语义-义原”结构允许我们使用语义桥梁来连接从义原到词的编码过程，即词 w 的编码过程将被表示成其对应语义集合 $S^{(w)}$ 的映射函数。公式化描述如下：

$$\boldsymbol{w}=f_{S\to w}(S^{(w)},\theta_{S\to w}) \tag{3-2}$$

对于其中的每一个语义 $s_i^{(w)}\in S^{(w)}$，由其对应的义原集合 $X_i^{(w)}$ 编码得到：

$$\boldsymbol{s}_i^{(w)}=f_{X\to s}(X_i^{(w)},\theta_{X\to s}) \tag{3-3}$$

其中 $\theta_{S\to w}$ 和 $\theta_{X\to s}$ 表示训练参数。

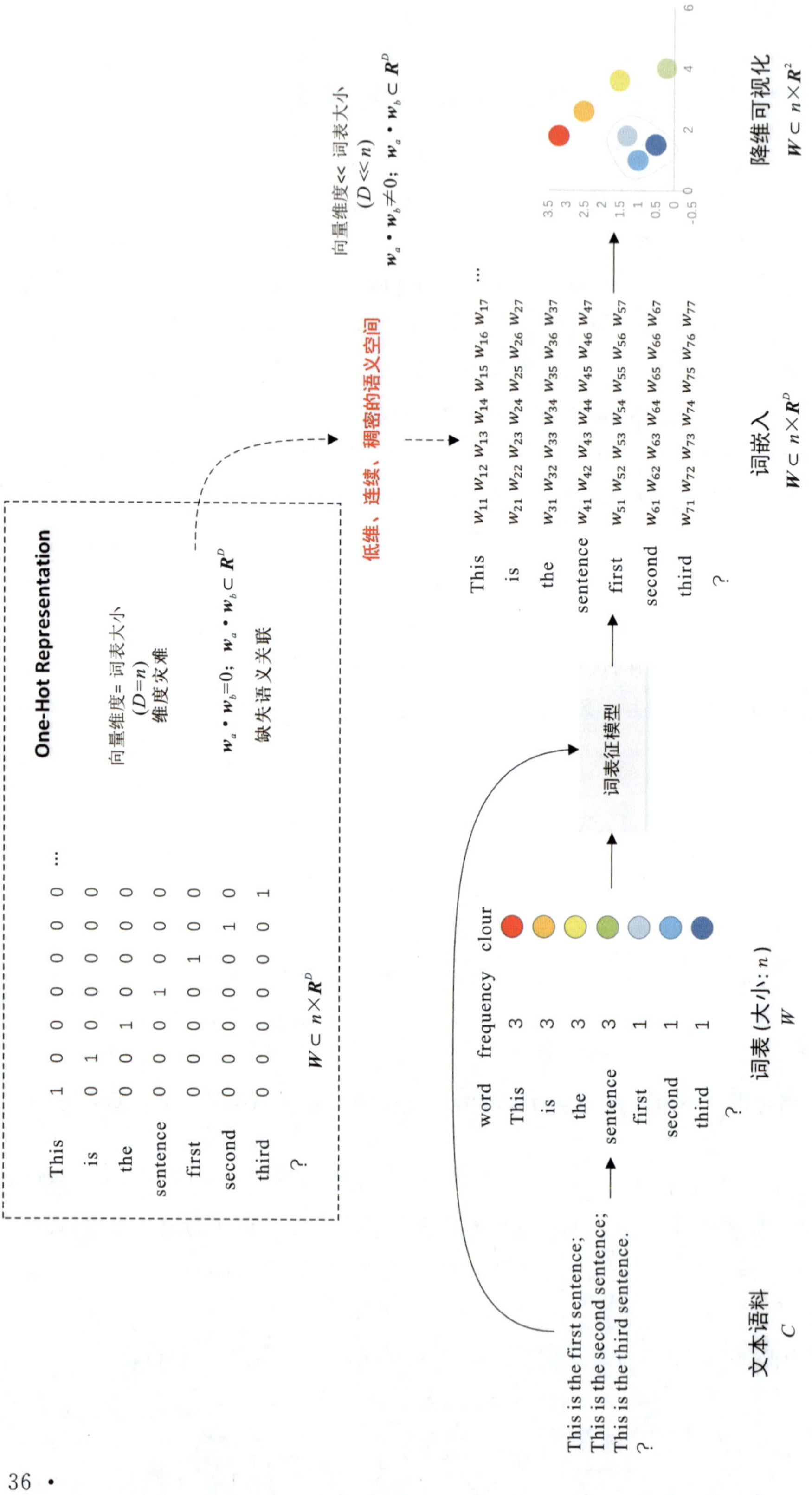

图 3 - 3　词表征模型编码过程示意

本研究的目标是找到合适的式(2-2)和式(2-3)提到的 $f_{S\to w}$ 函数和 $f_{X\to s}$ 函数，使得义原的结构信息能够得到充分的利用。

第三节　双层注意力词表征方法

本研究提出的基于双层注意力机制的词表征方法(Double Attention-based Word Embedding，DAWE)是在 SE-WRL 模型的基础上进行扩展得到，其中“双层注意力机制”指语义级别注意力(sense-level attention)和义原级别注意力(sememe-level attention)。本研究认为词在上下文中的词义，是由其对应语义集合通过不同的权重融合得到，同样的，语义集合中的每一个语义由其对应的义原集合通过不同的权重融合得到。此外，本研究还认为以更加准确的方式对语义内部的义原权重进行区分，有利于词在不同上下文中的语义消歧(Word Sense Disambiguation，WSD)。

在下文中，将介绍 DAWE 编码模型。DAWE 编码模型是一个用于将义原编码到词汇的通用框架。另外介绍的 DAC(Double Attention over Context)模型和 DAT(Double Attention over Target)模型是通过上下文感知的语义匹配技术将 DAWE 编码框架进行集成得到的两个具体的词表征训练模型。

一、DAWE 词表征框架

为了通过“词-语义-义原”的两级结构将义原中所包含的语义信息编码到词汇中，本研究提出了 DAWE 编码模型，如图 3-4 所示。

在 DAWE 模型中，采用了“双层注意力”(double attention)的架构：①语义级别的注意力(sense-level attention)机制用于捕获语义随上下文的权重变化。词在不同的上下文中可能表现出不同的词义，但是这些词义并不是独立的。本研究指出词在上下文中的词义应该是其对应不同语义的融合，随着上下文的改变，不同语义所占据的权重也随之改变。②义原级别的注意力(sememe-level attention)机制用于捕获义原随上下文的权重变化。在 SE-WRL 模型中，认为构成语义的每一个义原的权重都是等价的。实际上，在语义的表征过程中，组成语义的义原权重应该是不同的(具体原因见第一节，研究动机)。义原级别的注意力机制可以准确地捕获义原随上下文的权重变化，从而得到更为准确的语义编码。

如图 3-4 所示，DAWE 模型是一个基于“词-语义-义原”结构的词编码框架，但同时也是一个语义消歧(Word Sense Disambiguation，WSD)模型。在 DAWE 模型的编码过程中，义原组成了词汇不同语义的表示，然后不同语义的表示又构成了词在特定上下文中的表征。该过程是一个动态的词表征过程，能够根据不同的上下文生成符合上下文语境的词表征。

词表征的目的是将词嵌入到向量空间中的同时保证词与词之间的语义相关性。但是，

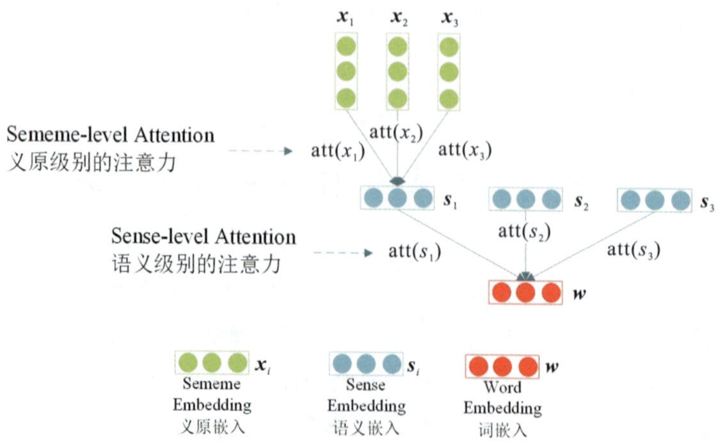

图 3-4　双层注意力词表征模型(DAWE)

词表征存在语义混淆的缺陷,原因在于静态的词表征模型无法根据不同的上下文生成动态的词表征,词的所有不同的语义都被表征到同一个向量中。为了解决这个问题,词在不同上下文中的语义应该被单独建模,从而避免产生语义混淆。现有的研究表明在上下文中对词的不同语义进行越好的区分,所得到的词语义表征的效果也将越好。WSD 是用于在不同的上下文中区分词的不同语义的方法,可粗略地分为无监督的方法和基于知识的方法。DAWE 模型通过带权的义原来得到词汇内部不同语义随上下文的表示,属于基于知识的方法来对词在上下文中的不同语义进行消歧。作为一个基于知识的词表征模型,DAWE 模型和传统的基于知识的方法是一样的,其目的都是为了让语义相近的词相互靠近、语义不同的词相互远离。

根据“attention”所处的位置来进行区分,DAWE 模型将被扩展为基于上下文的双层注意力词表征模型(Double Attention over Context Model,DAC)和基于目标词的双层注意力词表征模型(Double Attention over Target Model,DAT)。图 3-5 和图 3-6 解释了这两种模型的关联和不同点。

二、基于上下文的双层注意力词表征模型

如图 3-5 所示,DAC 模型由两个部分组成:编码部分和训练部分,分别对应 DAWE 编码框架和 Skip-gram 训练框架。

对于每一个上下文词 $w_c \in C(w)$,其中 $C(w)=[w_{t-k},\cdots,w_{t-1},w_{t+1},\cdots,w_{t+k}]$,$k$ 表示上下文窗口的大小,其表征如下:

$$\boldsymbol{w}_c=\sum_{i=1}^{|S^{(w_c)}|}\operatorname{att}(s_i^{(w_c)},w_t)\cdot \boldsymbol{s}_i^{(w_c)} \tag{3-4}$$

其中,$\operatorname{att}(s_i^{(w_c)},w_t)$ 表示使用目标词 w_t 作为 attention 的主体来计算上下文词 w_c 的第 i

个语义的权重，具体计算方式如下：

$$\mathrm{att}(s_i^{(w_c)}, w_t) = \frac{\exp(\hat{\boldsymbol{s}}_i^{(w_c)} \cdot \boldsymbol{w}_t)}{\sum_{j=1}^{|S^{(w_c)}|} \exp(\hat{\boldsymbol{s}}_j^{(w_c)} \cdot \boldsymbol{w}_t)} \tag{3-5}$$

其中 $\hat{\boldsymbol{s}}_i^{(w_c)}$ 表示用来计算 attention 权重的语义向量，由语义 $s_i^{(w_c)}$ 对应的义原集合 $X_i^{(w_c)}$ 中所有义原的表征得到。公式化如下：

$$\hat{\boldsymbol{s}}_i^{(w_c)} = \sum_{j=1}^{|X_i^{(w_c)}|} \mathrm{att}(x_j^{(s_i)}, w_t) \cdot \boldsymbol{x}_j^{(s_i)} \tag{3-6}$$

和 $\mathrm{att}(s_i^{(w_c)}, w_t)$ 相似，$\mathrm{att}(x_j^{(s_i)}, w_t)$ 表示使用目标词 w_t 作为 attention 的主体来计算上下文词 w_c 的第 i 个语义对应的第 j 个义原的权重，具体计算方式如下：

$$\mathrm{att}(x_j^{(s_i)}, w_t) = \frac{\exp(\boldsymbol{x}_j^{(s_i)} \cdot \boldsymbol{w}_t)}{\sum_{k=1}^{|X_i^{(w_c)}|} \exp(\boldsymbol{x}_k^{(s_i)} \cdot \boldsymbol{w}_t)} \tag{3-7}$$

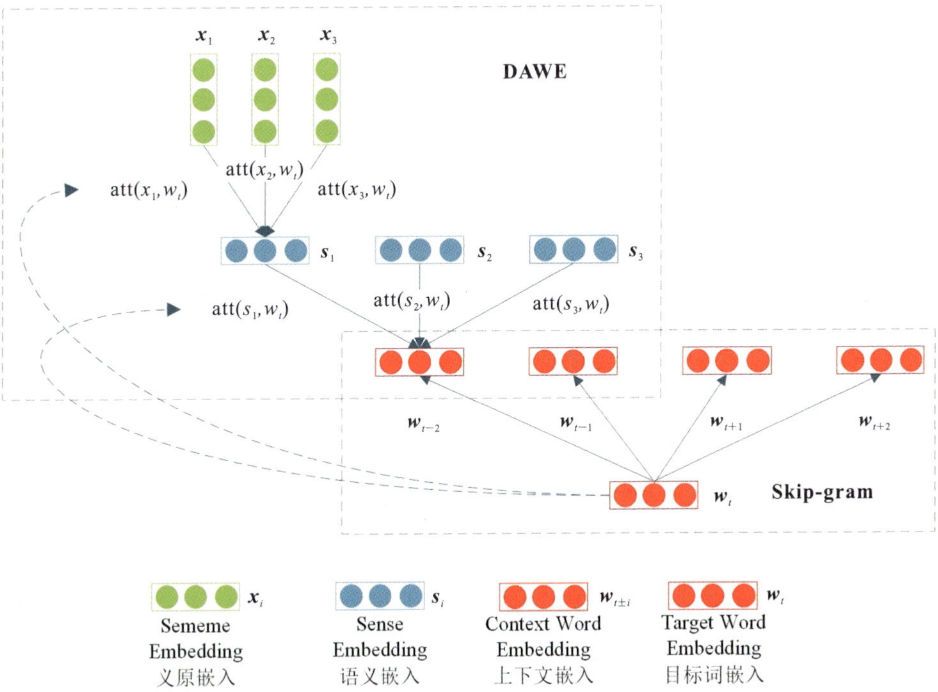

图 3-5 基于上下文的双层注意力词表征模型(DAC)

DAWE 是一个两层的编码框架。第一层用于对语义进行编码，对应于式(3-6)和式(3-7)。在第一层中，义原的表征被用作输入，然后语义的表征将通过义原级别的 attention 机制得到。第二层是词编码层，对应于式(3-4)和式(3-5)。在第二层中，式(3-6)获得的语义表征将被作为输入，然后词的表征将通过语义级别的 attention 机制得到。在

DAC 模型中，目标词 w_t 被用作指导上下文词汇的词表征。在这种 attention 机制下，如果上下文词汇的义原向量以及语义向量和目标词汇的向量表征在向量空间中越靠近，则对应的义原和语义的权重也将会越高。这和 Word2Vec 模型提到的"越相似的词在语义空间中越靠近"的思想类似。在这种表征机制下，上下文词汇的不同语义也能够被消歧。

三、基于目标词的双层注意力词表征模型

DAT 模型是 DAC 模型的一个变体，其词向量同样由 DAWE 模型进行编码，由 Skip - gram 模型进行训练。与 DAC 模型不同的是，DAT 模型使用上下文嵌入作为 attention 的主体来指导目标词汇的表征。DAT 模型的结构如图 3 - 6 所示。

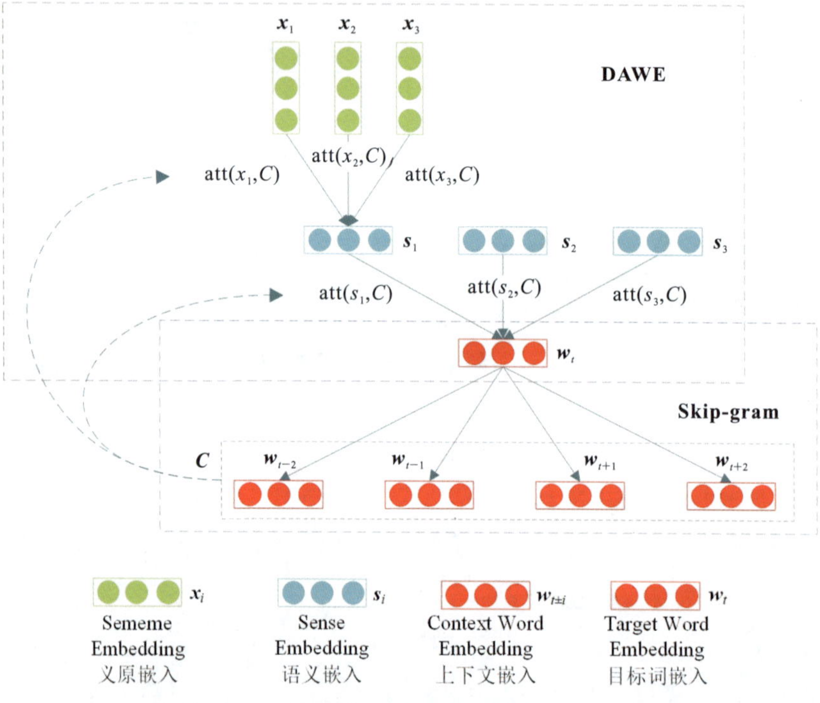

图 3 - 6　基于目标词的双层注意力词表征模型(DAT)

对于每一个目标词 $w_t \in W$，其对应的表征计算方式如下：

$$\boldsymbol{w}_t = \sum_{i=1}^{|S(w_t)|} \mathrm{att}(s_i^{(w_t)}, C(w_t)) \cdot \boldsymbol{s}_i^{(w_t)} \tag{3-8}$$

其中，$\mathrm{att}(s_i^{(w_t)}, w_{\mathrm{context}})$ 表示使用上下文词集合 $C(w_t)$ 作为 attention 的主体来计算目标词 w_t 的第 i 个语义 $s_i^{(w_t)}$ 的权重，具体计算方式如下：

$$\mathrm{att}(s_i^{(w_t)}, w_{\mathrm{context}}) = \frac{\exp(\hat{\boldsymbol{s}}_i^{(w_t)} \cdot \boldsymbol{C}(w_t))}{\sum_{j=1}^{|S(w_t)|} \exp(\hat{\boldsymbol{s}}_j^{(w_t)} \cdot \boldsymbol{C}(w_t))} \tag{3-9}$$

$\hat{\boldsymbol{s}}_i^{(w_t)}$ 的计算过程和DAC模型类似[式(3-6)和式(3-7))]，由语义 $s_i^{(w_t)}$ 对应的义原集合 $X_i^{(w_t)}$ 中所有义原表征的加权和得到；$C(w_t)$ 表示上下文词集合，其对应的向量表示 $\boldsymbol{C}(w_t)$ 由上下文窗口中的所有上下文词向量的均值得到，公式化如下：

$$\boldsymbol{C}(w_t) = \frac{1}{2K} \sum_{j=t-k}^{j=t+k} \boldsymbol{w}_j, j \neq t \tag{3-10}$$

其中，k 表示上下文窗口的大小。

DAT 模型使用上下文来指导 attention 的计算，相比于 DAC 模型带入了更多的上下文语义信息，因此更有利于语义和义原的选择。

四、模型优化

本节以 DAT 模型为例，对模型的优化过程进行阐述。

如图 3-7 所示，在模型的预处理阶段，词表中的每一个词都需要根据“Word-Sense-Sememe”知识库进行标注(在词、语义与义原之间建立联系)，然后在 DAWE 编码框架部分，目标词 w_t 将会通过“double attention”机制进行编码。在 DAT 模型中，上下文[式(3-10)]被用来指导目标词的编码过程。DAT 模型的优化目标和 Skip-gram 模型相同，但是 DAT 模型需要优化的参数除了词向量外还包括语义向量和义原向量。

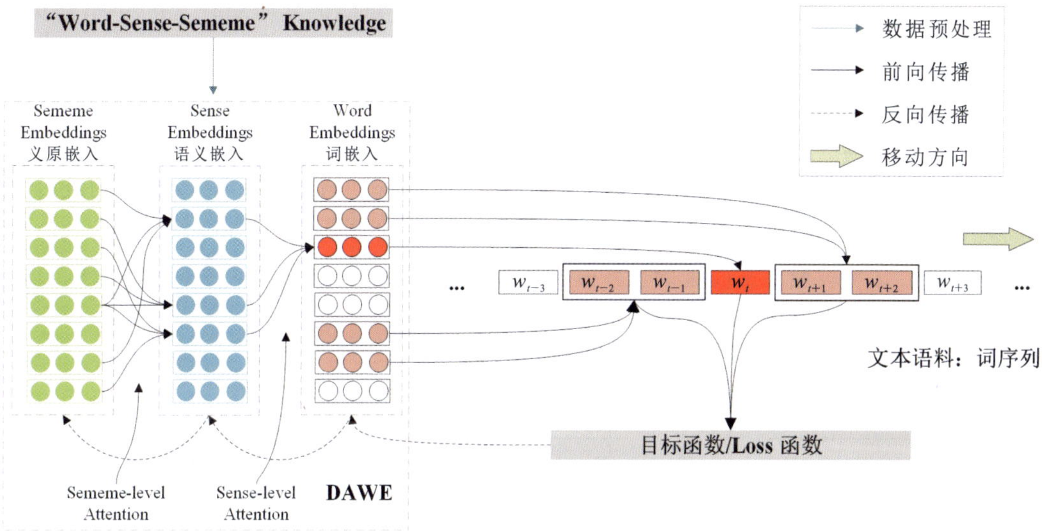

图 3-7　DAT 模型训练过程

$$\begin{cases} \boldsymbol{w}_t = \boldsymbol{w}_t + \alpha \cdot \Delta \boldsymbol{w}_t \\ \boldsymbol{w}_{t\pm i} = \boldsymbol{w}_{t\pm i} + \alpha \cdot \Delta \boldsymbol{w}_{t\pm i} \\ \boldsymbol{S}^{(w_t)} = \boldsymbol{S}^{(w_t)} + \alpha \cdot \Delta \boldsymbol{S}^{(w_t)} \\ \boldsymbol{X}^{(w_t)} = \boldsymbol{X}^{(w_t)} + \alpha \cdot \Delta \boldsymbol{X}^{(w_t)} \end{cases}, i = \{1, 2, \cdots, k\} \tag{3-11}$$

其中，α 表示学习率；k 是上下文窗口的大小(在图3-7中，$k=2$)；$\boldsymbol{S}^{(w_t)}$ 表示和目标词 w_t 相对应的语义向量集合；$\boldsymbol{X}^{(w_t)}$ 表示和目标词 w_t 相对应的义原向量集合。

DAC模型的优化过程和DAT模型相似，此处不做赘述。

第四节 实验和结果分析

本研究的实验在中文词表征任务上进行。模型的性能由两个任务进行评估：词相似性(word similarity)任务和词类比推理(word analogy)任务。在本节中，首先将介绍实验数据集，包括训练集和两个任务的评估数据集；紧接着将介绍实验的设置，包括对照实验的设置和参数的选择；最后将给出两个评估任务的度量指标和实验结果。

一、数据集

在模型的训练方面，本研究使用由HowNet进行标注的文本语料Clean-SogouT1作为模型的训练集。Clean-SogouT1数据集的词表中的每一个词都按照以下形式进行标注：词 w；语义数量(s)；组成第一个语义的义原数量，第一个语义对应的义原集合 $X_1^{(w)}$…组成第 s 个语义的义原数量，第 s 个语义对应的义原集合 $X_s^{(w)}$。

按照上述标注形式，图3-1中给出的词"苹果"(apple)的示例将被表示成：["苹果apple";3;5,("电脑 computer""特定值 pattern value""能 able""携带""特定牌子 specific brand");1,("水果 fruit");3,("水果 fruit""生殖 reproduce""树 tree")]。数据集的统计结果如表3-1所示。表3-1指出语料中超过60%的词汇拥有至少两种不同的语义，这意味着使用动态语义消歧模型来改进词表征模型是非常有必要的。在本研究中，词频低于50的词将会被移除。

表3-1 语料统计

Text Corpus	Words	Vocab Size	Sememes	AS/PW	AS/PS	PWMS
Clean-SogouT1	1.8B	350K	1889	2.683	1.701	60.78%

注：AS/PW：Average Senses/Per Word(每个词汇所包含的平均语义数量)；AS/PS：Average Sememes/Per Sense(每个语义所包含的平均义原数量)；PWMS：Percentage of Words that have Multiple Senses(多义词在语料中所占的比重)。

在模型评估方面，本研究分别选用中文词相似性数据集(Chinese Word Similarity, CWS)和中文词类比数据集(Chinese Word Analogy, CWA)来评估模型在词相似性任务和词类比推理任务上的性能。CWS 数据集"Wordsim - 240"和"Wordsim - 297"分别包含人工选择的 240 个相似词对和 297 个相似词对，CWS 数据集中的每一个相似词对都有其对应的相似性得分，如"消费者(consumer)顾客(customer)8.4"。CWA 数据集中的每一个条目都由 4 个词组成："$w_1\ w_2\ w_3\ w_4$"，词类比的形式为：$w_2 - w_1 \cong w_4 - w_3$，如经典的类比案例：$w_{\text{king}} - w_{\text{man}} \cong w_{\text{queen}} - w_{\text{woman}}$。粗体形式 $w \subset \boldsymbol{R}^D$ 表示词 w 对应的词表征向量(embedding)。本研究中使用到的 CWA 数据集的统计结果如表 3 - 2 所示。

表 3 - 2 中文词类比推理数据集，包括 3 种推理类型：国家的首都(Capital)，如 $w_{\text{London}} - w_{\text{England}} \cong w_{\text{Beijing}} - w_{\text{China}}$；省会(州)的城市(City)，如 $w_{\text{Jacksonville}} - w_{\text{Florida}} \cong w_{\text{Francisco}} - w_{\text{California}}$；以及家庭关系推理(Relationship)，如 $w_{\text{Father}} - w_{\text{Mather}} \cong w_{\text{Son}} - w_{\text{Dauther}}$。

表 3 - 2 中文词类比推理数据集

Capital	City	Relationship	All
677	175	272	1124

二、实验设置

在实验中，选择 Skip - gram、CBOW 和 GloVe 作为对比模型。其中，Skip - gram 本研究所提模型使用到的训练框架；CBOW 模型和 Skip - gram 模型同为 Word2Vec 模型的一种，用于和 Skip - gram 模型作比较；与 Skip - gram 模型在局部上下文窗口中进行计算的方法不同，GloVe 通过全局的矩阵分解来得到词嵌入。此外，在实验中还选择 SSA 模型、SAC 模型以及 SAT 模型作为基线模型。SSA 模型、SAC 模型和 SAT 模型都属于 SE - WRL 模型的一种：与本章第二节的定义 2 相对应，SSA 模型直接使用义原来得到词的编码，不借助于义原与词之间存在的语义关联；SAC 模型和 SAT 模型与本章第二节的定义 3 相对应，为"词-语义-义原"的两级编码模型，与本研究的差别在于没有使用"double attention"机制。SAC 模型用来和 DAC 模型作比较，SAT 模型用来和 DAT 模型作比较。

实验参数设置如下：词表征向量的维度、语义向量的维度、义原向量的维度都为 200；上下文窗口的大小设置为 8；初始学习率为 0.025(模型训练过程中动态调整)；负采样的数量设置为 25(负采样策略见第二章第二节)。对于 SAT 模型和 DAT 模型，上下文嵌入的窗口设置为 2。

本研究所提模型的实现基于 SE - WRL 模型所提供的代码(https://github.com/thunlp/SE - WRL)。所有的基线模型和本研究的模型都在相同的机器上进行训练。

三、词相似性实验

在本节中，将通过在词相似性任务上的性能来评估所提模型在词表征上的效果。在词相似性任务的评估过程中，使用两个词所对应向量表示的余弦值来作为它们的相似性得分。通过计算评估数据集（Wordsim－240 和 Wordsim－297）中两两词对之间的相似性得分，然后与数据集中的真实得分计算斯皮尔曼相关系数（spearman correlation coefficient），则可以评估模型在词相似性任务上的性能。斯皮尔曼相关系数越高，模型在词相似性任务上的表现越好。

表 3－3 给出了词相似性任务的评估结果：①在 Wordsim－240 数据集和 Wordsim－297 数据集上，本研究提出的模型相较于基线模型都取得了最好的效果。这表明通过区分语义内部的义原能够帮助模型更加准确和深入的对词内部的不同语义进行表征。②DAT 模型比 DAC 模型表现得更好。DAT 模型使用上下文嵌入来指导目标词的语义生成，从而能够更好地捕获上下文的语义信息。因此，当模型的训练足够充分时，DAT 模型的表现将会比 DAC 模型要好。

表 3－3　词相似性任务评估结果

Model	Wordsim－240	Wordsim－297
CBOW	57.987	62.063
GloVe	57.618	57.107
Skip－gram	55.279	60.565
SSA	60.410	60.167
SAC	57.574	57.825
SAT	60.480	62.280
DAC	57.157	59.671
DAT	**61.162**	**63.327**

四、词类比推理实验

本节将通过在词类比推理任务上的性能来评估所提模型在词表征上的效果。在中文词类比推理任务中，每个类比样本由两个词对组成：(w_1, w_2) 和 (w_3, w_4)，且满足类比关系 $w_2 - w_1 \cong w_4 - w_3$，即 $w_2 - w_1 + w_3 \cong w_4$。因此，在词类比推理任务中，通过将 w_4 隐藏，模型需要从候选词集合中选出最符合该推理形式的正确词，即找到 w_4。具体的，将 w_4 替换成候选词 w 并计算候选词的得分：

$$S_A(w)=\cos(w_2-w_1+w_3,w) \tag{3-12}$$

在计算出所有候选词的得分后，即可按照得分从高到低得到候选词排名。从中选取top－k候选词，并通过计算准确率(accuracy)指标和均值排名(mean rank)指标来度量模型在类比推理任务上的性能。准确率指标越高、均值排名指标越低(代表正确候选词的排名越靠前)，则模型的表现越好。

词类比推理任务的评估结果如表3－4所示。

表3－4　词类比推理任务评估结果

Model	Accuracy				Mean Rank			
	Capital 677	City 175	Relationship 272	All 1124	Capital 677	City 175	Relationship 272	All 1124
CBOW	45.05	86.85	**84.19**	61.03	60.28	1.43	41.87	46.66
GloVe	62.03	83.42	82.35	70.28	17.09	1.77	14.28	14.02
Skip－gram	60.26	**96.00**	77.57	70.01	78.67	**1.05**	2.98	48.27
SSA	72.67	80.00	74.63	74.28	21.05	7.21	2.74	14.45
SAC	66.24	92.28	71.87	71.66	40.86	5.74	2.56	13.51
SAT	71.64	87.14	74.44	74.73	14.79	2.07	**2.34**	9.80
DAC	68.53	93.14	72.24	73.26	14.10	1.15	2.74	9.34
DAT	**74.00**	91.42	75.36	**77.04**	**8.87**	1.71	2.58	**6.23**

从实验结果中可以得出以下几点结论：

(1)在词类比推理任务中，本研究提出的模型相较于基线模型有了显著的提升。在准确率(accuracy)指标上，DAC模型相较于SAC模型高出了2个百分点，DAT模型相较于SAT模型高出了3个百分点；在均值排名(mean rank)指标上，DAC模型相较于SAC模型高出了4个百分点，DAT模型相较于SAT模型高出了3个百分点。实验结果表明：通过捕获语义内部义原随上下文的变化，有利于DAC模型和DAT模型更加有效和准确的对语义进行表征。

(2)本研究的模型在“Capital”类别上的表现效果格外显著。“Capital”类别收集了来自全球范围内的首都和国家的类比对，其中大多数首都名称对应的词汇在不同的上下文中有各种不同的语义，如“华盛顿Washington”可能是一个国家的首都、一个州、一所大学、一个旅馆，又或者是一个人名。在训练过程中，本研究的模型能够通过“double attention”机制来动态的调整语义和义原的权重，这使得本研究的模型在此类任务上具有更强的表现力。

(3)尽管本研究的模型在“City”和“Relationship”类别上的表现结果并不是最好的，但是从总体的评估结果上看，本研究的模型是最具鲁棒性的。

(4)DAWE 编码框架在词类比推理任务上取得了显著性的提升,但是在词类比任务上只有少量的提升。原因在于,本研究所采用的 Skip - gram 模型训练框架基于上下文来训练词向量表征,上下文语境越相似,词向量在语义空间中也将越靠近。因此,当模型的训练足够充分时,相较于其他同样基于 Skip - gram 训练框架的基线模型而言,在词相似性任务中并不会带来显著性的提升。通过引入义原级别的 attention 机制,本研究的模型能够更加准确的对词汇内部的语义进行表达,从而在对词汇的语义准确性要求更高的词类比任务场景中能够带来更加显著地提升。

第五节　讨　论

在本节中,将通过具体的案例来更好地说明 DAWE 模型的内在机理,同时给出 DAWE 模型集成到其他模型的方案。

一、案例分析

为了更好地阐述模型的动态语义生成过程,本节从实验结果中选取了一些特定的案例进行分析。表 3 - 5 给出了词“苹果”(apple)[语义 1:“apple brand”(义原:“computer”“pattern value”“able”“bring”“spe brand”);语义 2:“apple”(义原:“fruit”);语义 3:“apple tree”(义原:“fruit”“reproduce”和“tree”)]在不同上下文中词内部语义的权重分布情况和语义内部义原的权重分布情况。这些权重分别通过 DAT 模型的语义级别 attention 和义原级别 attention 计算得到。从表 3 - 5 中可以发现:

(1)DAT 模型能够在不同的上下文中正确的区分出词“苹果”的正确语义,这表明了 DAT 模型在语义消歧(WSD)上的有效性。

(2)在语义“apple brand”中,义原“spe brand”占据了较大的一部分权重,且不同义原之间的权重各不相同。这一点与在本章第一节中给出的结论一致,在生成语义的过程中,其内部的义原权重分布应该是不同的。

(3)当词“苹果”的词义在不同的上下文中发生改变时,语义的权重分布随之发生改变,而义原的权重分布在总体上体现出一致性。本研究所提出的模型是在大规模文本语料集 Clean - SogouT1 上训练得到,学习到的向量表征和模型参数满足整个语料集上的特征分布。因此,词内部的语义表征在训练的过程中会逐渐趋向于稳定,即语义内部的义原权重分布将会趋向于稳定[义原构成了语义的表征(稳定),而语义构成了词的表征(随上下文变化)]。

表 3-5 词“苹果 apple”内部的语义和义原在不同上下文中的权重分布

(a)喜欢苹果电脑可以,但是不要诋毁其他品牌的电脑

(You can like apple brand computers, just don't vilify other brands.)

Senses	Sememes				
apple brand **1.91**	bring 5.15	pattern value 0.00	spe brand 6.77	computer 0.31	able 8.06
apple 0.86			fruit 0.00		
apple tree 0.00	tree 19.93		fruit 21.28	reproduce 0.00	

(b)我刚才就是用苹果核砸你的(I just hit you with an apple core.)

Senses	Sememes				
apple brand 0.00	bring 4.22	pattern value 0.00	spe brand 6.94	computer 1.20	able 4.55
apple **3.06**			fruit 0.00		
apple tree 0.08	tree 14.55		fruit 20.18	reproduce 0.00	

(c)东南亚地区优质苹果苗品种繁多

(There are many kinds of high-quality apple tree seedlings in southeast Asia.)

Senses	Sememes				
apple brand 0.00	bring 4.50	pattern value 0.00	spe brand 5.58	computer 1.85	able 5.97
apple 0.05			fruit 0.00		
apple tree **0.08**	tree 12.60		fruit 12.30	reproduce 0.00	

注:数值表示由“double attention”机制计算得到的权重。词:“苹果”[语义 1:“apple brand”(义原:“computer”“pattern value”“able”“bring”和“spe brand”);语义 2:“apple”(义原:“fruit”);语义 3:“apple tree”(义原:“fruit”“reproduce”和“tree”)]。

在上述案例中使用词“苹果 apple/apple brand/apple tree”作为研究对象来探究语义和义原在不同上下文中的权重分布情况。接下来将使用词“笔记本 notebook/laptop computer”作为研究对象来探究上下文对义原权重分布的影响。如表 3－6 所示，当词“笔记本”的词义在上下文中倾向于靠近语义“laptop computer”时（语义“notebook”的相对权重为 0，语义“laptop computer”的权重大于 0），有如下发现：

（1）当在上下文中“笔记本”和“电脑”同时出现时，即“笔记本 电脑”，此时义原“computer”的权重在语义“laptop computer”的所有义原中是最低的。原因在于：当“笔记本 电脑”在上下文中同时出现时，词“笔记本”主要作为一个修饰词来修饰“电脑”，表明“电脑”的轻、薄、便于携带等特点，故“笔记本”中义原“computer”的权重将会降低，而其他义原，如“bring”等的权重将会提高。

（2）当“笔记本”在上下文中单独出现时，相较于“笔记本 电脑”同时出现的情况，义原“computer”占据了更大的权重。此时“笔记本”不再作为一个修饰“电脑”的词出现，而是作为一个独立的整体出现，因此它需要包含倾向于义原“computer”的语义。

（3）当“笔记本”单独出现时，语义“laptop computer”的权重一般要低于“笔记本 电脑”同时出现的情况。因为当“笔记本 电脑”同时出现时，上下文中携带了更多倾向于语义“laptop computer”的信息，故“laptop computer”的权重要多些。注意到表 3－6 中的第二个例子，其语义“laptop computer”的权重达到了 4.59，不属于上述这种一般情况的范围。原因在于，上下文中出现了“惠普”这个词，而“惠普”是一个电脑品牌，这导致语义“laptop computer”的权重相较于其他“笔记本”单独出现的情况要高些。

表 3－6　上下文对义原权重分布的影响

Context	Sememes			
	bring	pattern value	computer	able
laptop computer (0.57)：想购置笔记本的朋友可以记一下我的联系方式(Those who want to buy a laptop can write down my contact information.)	4.69	**0.00**	1.82	5.62
laptop computer (4.59)：惠普商用笔记本拥有业界领先的安全技术(HP business laptop has industry-leading security technology.)	5.85	**0.00**	2.07	4.49
laptop computer (1.21)：本店可以为各位淘友提供笔记本维修服务(Our shop can provide you with laptop repair service.)	4.88	**0.00**	1.98	4.10
laptop computer (4.53)：机房内有两台笔记本电脑，款式很旧，用起来很卡顿(There are two laptops in the computer room. They are very old and slow.)	5.82	0.82	**0.00**	6.63

续表 3－6

Context	Sememes			
	bring	pattern value	computer	able
laptop computer (8.73)：每个人有机会获得冰箱、笔记本电脑、液晶电视等礼品(Everyone has the chance to get refrigerator, laptop, LCD TV, etc.)	5.82	0.98	**0.00**	4.97
laptop computer (6.77)：这款拥有强劲独显的笔记本电脑让人眼前一亮(This laptop with a strong display is a real eye-opener.)	5.20	0.43	**0.00**	6.20

注：表中的数值表示当语义“notebook”的相对权重为 0 时相应的义原相对权重(权重最小的语义设为 0，权重最小的义原设为 0)。词：“笔记本”[语义 1：“notebook”(义原：“account”)；语义 2：“laptop computer”(义原：“computer”“pattern value”“able”和“bring”]。

表 3－6 中的结果同时也说明了本研究所提模型的有效性。在 DAWE 模型中，词的表征依赖于语义，义原的权重分布并不能直接影响到最终的词向量表达。如“笔记本”在上下文中单独出现时，其语义“laptop computer”的权重要普遍低于“笔记本 电脑”同时出现的情况，尽管此时其对应义原“computer”的权重普遍高于“笔记本 电脑”同时出现的情况。

总的来说，在词表征的训练过程中，词的语义不仅仅受到语料中语义累积的影响，而且还会受到上下文滑动窗口的影响。①语义累积的影响主要体现在训练过程中逐渐趋于稳定的词内部不同语义的表征上。如表 3－5 中所给的例子，用于表征词“苹果”语义的义原的权重分布在不同的上下文中表现出一致性。②上下文窗口主要用于挑选合适的语义，并且能够影响义原的权重分布。如表 3－5 中所示，尽管词“苹果”内部语义的表征趋向于稳定，但是语义的权重在不同的上下文中呈现出不同的分布。此外，表 3－6 中词“笔记本”的语义以及义原的权重分布也说明了这一点。

二、DAWE 框架与其他模型的集成

DAWE 是一个通用的编码框架，本研究通过在 Skip－gram 模型的基础上集成并训练 DAWE(DAC 和 DAT)，可以按照如下步骤将其扩展到其他的模型中：

(1)数据预处理。使用“word-sense-sememe”知识库来标记文本语料。

(2)决定 DAWE 模型的编码“对象”。例如，在 DAC 模型中，编码“对象”为上下文；而在 DAT 模型中，编码“对象”为目标词。

(3)决定“double attention”机制的“主体”。例如，在 DAC 模型中，“主体”是目标词；而在 DAT 模型中，“主体”是上下文。

(4)前向传播(编码阶段)。根据步骤(2)和步骤(3)得到的“对象”和“主体”，在 DAWE 框架中，“主体”通过“double attention”机制来指导“对象”的编码生成。

(5)反向传播。根据模型的优化目标来更新模型的参数(词嵌入、语义嵌入以及义原嵌入)。

其中,步骤(1)和步骤(5)较容易实现。核心的步骤是步骤(4),而步骤(4)取决于步骤(2)和步骤(3)。因此,在扩展 DAWE 模型的过程中,比较困难并需要细心设计的步骤是步骤(2)和步骤(3)。一旦步骤(2)和步骤(3)设计完成,DAWE 将会很容易被扩展到其他的模型中。

第六节　本章小结

本研究提出了一种基于双层注意力机制的词表征(Double Attention-based Word Embedding,DAWE)方法,通过"double attention"机制来将义原信息编码到词汇中,从而使得模型能够深入到词汇的语义内部来对词汇进行表征。DAWE 模型是一个通用的编码框架,能够被扩展到现有的词表征训练框架中,如 Word2Vec。本研究中通过扩展 DAWE 模型得到了两个具体的词表征训练模型。词相似性和词类比实验的结果验证了 DAWE 模型的有效性,DAWE 模型能够通过动态的语义生成正确的捕获词在上下文中的语义变化(语义消歧,WSD)。为了更加深入地探究 DAWE 模型的内部机理,在实验中选取了部分案例进行了详细的分析。分析结果表明词的语义不仅仅受到全局语义累积的影响,而且还会受到上下文窗口的影响。本研究的发现建议将词表征的过程按照更加细粒度的视角进行分解,这有利于提升 NLP 任务的性能。

本研究的限制之一在于"double attention"机制引入了额外的训练参数,导致 DAWE 模型相较于基线模型增加了训练时间的开销。此外,模型的超参选取遵循前人的工作,并未做过多有关模型超参方面的讨论。在将来的工作中,我们将会对模型超参的影响进行更加深入的探究和评估。

第四章　人地交互视角下的地理实体文本表征方法

在本章中，从人地交互的视角出发，以地理实体文本作为连接人类和地理实体之间的桥梁，将地理实体的表征转化为地理实体的文本表征，并通过时间感知的文本分类方法进行训练，从而得到包含人地交互信息的地理实体文本表征。

本章学习到的地理实体文本特征将在研究内容三“融合多模态信息的多视角地理实体表征方法”中与地理实体的空间结构特征进行融合。

第一节　研究动机

受词表示学习、图表示学习、知识表示学习等领域表征学习的启发，针对单一类型地理实体的表征，通过将其映射到低维稠密连续的语义向量空间中（如 Location2Vec，POI2Vec，Place2Vec 等），能够有效地简化地理实体多维关联分析，同时降低对算力的高需求，进而可以更好地与前沿机器学习方法相结合，为空间模式挖掘、地理位置推荐、城市规划、公共管理、政策决策等领域提供技术支撑。

文本是人地交互的主要表达形式之一，现有大量非结构化文本对地理实体进行了不同视角、不同程度上的表达，同时也在一定程度上体现了用户的偏好，如社交媒体文本数据体现了用户的日常活动类型和模式。文本作为连接人类和地理实体之间的桥梁，可以看作是人地交互视角下的地理实体特征，是地理实体表征过程中的重要一环。现有相关研究表明引入外部文本知识有望得到更加准确的地理实体表征。但目前的相关研究主要针对同一来源的单一类型地理实体展开（如 POI 点），其文本描述的格式、质量相对一致。然而，地理实体文本通常伴随着人类的相关活动产生，其文本描述来源不同，随意性较大，其内容、质量存在较大差异，文本字面表达有较大噪声，难以准确表示其深层语义，不能有效支撑“人地”融合认知。此外，数据的稀疏性也是地理实体表征面临的一项重大挑战，并不是所有的地理实体都有其相对应的文本描述。由于人类活动带有一定的偏好性和倾向性，地理实体文本通常集中分布在某些地理实体上（数据分布不平衡），且大多数现存的文本描述都是短文本，而长文本描述相对较少。并且现有研究忽略了地理实体文本中隐含的深层次“人地”交互信息，如图 4 - 1 所示。人类在地理实体上的活动行为通常隐含着大量的交互信息，如：人类在地理实体上的活动通常体现了用户的行为模式偏好，换句话说同一个用户访问过的地理实体之间应该存在某种隐含的关联，且不同的用户之间是否有同样的行为习惯也可以通过用户访问过的地理实体之间的关联发现其相应联系。文本是人地交互的直观体现，不同地理实体之间的关联可以通过它们之间产生的文本关联来发现（如不同文本之间可能出现相同的描述词汇，词与词之间的关联可以反映不同文本内容之间的内在联系）。

图 4 - 1　社交媒体数据（地理实体上的人类活动行为）中隐含的人地交互信息——“词、文本、用户、地理位置以及日期”

鉴于此，针对现有地理实体文本表征研究存在的文本质量低、口语化（随意性较大）、数据稀疏、数据分布不平衡、忽略了地理实体之间隐藏的“人地”交互信息等问题，本研究将人类活动数据中存在的对象“词、文本、用户以及日期”作为节点，并用异构图来建模这些对象之间隐含的“人地”交互信息（边），然后采用时间感知的图神经网络（GNN）来捕获并融合“文本视角”和“时间视角”下的“人地”交互特征，从而得到包含“人地”交互信息的地理实体文本表征。

目前常用的文本表征模型主要是序列编码模型(如 LSTM)。但由于地理实体文本的稀疏性以及文本描述主要是短文本,不符合常用文本序列编码模型的大规模训练语料的需求;地理实体文本的表达口语化、较随意,在序列编码模型中容易引入噪声;数据分布不平衡容易使得最终学到的模型带有偏置,导致模型泛化能力变差。而在本研究中使用 GNN 可以有效地改善数据稀疏的问题,有利于捕获核心语义,避免过多的引入额外的噪声(关键词、关键短语在图中的权重较高,其余词的权重较低)。地理实体之间隐含的"人地"交互信息可以用异构图进行建模,通过 GNN 可以较好的在节点之间进行"人地"交互信息的传播。此外,通过图结构进行建模(在少样本类别数据和多样本类别数据之间建立联系),并利用 GNN 捕获局部/全局的结构特征,有助于改善数据分布不均衡带来的少样本类别数据训练不充分的问题(或者说容易在多样本类别上产生偏置的问题)。

第二节　时间感知的地理实体文本表征方法

本研究提出的模型通过引入社交媒体数据中隐含的人地交互信息——"词、文本、用户、地理位置以及日期",将文本作为连接人类活动和地理实体的桥梁,并通过时间感知的图神经网络进行"时间视角"和"文本视角"下的特征融合,从而得到包含了不同时间下的人地交互信息、文本语义信息的地理实体表征。

如图 4-1 所示,用户在不同的地理实体上产生的社交媒体数据(地理实体上的人类活动行为)通常包括 5 个部分:词、文本、用户、地理位置以及日期。首先,本研究通过在词与文本("词-文本"交互)之间、词与词("词-词"交互)之间以及用户和文本("用户-文本"交互)之间建立交互。通过这些交互,可以得到文本视角下的"用户-文本-词"图,以及时间视角下的"用户-日期-词"图(将"用户-文本-词"图中的文本节点替换为日期节点)。然后,本研究提出了一种带时间门控的人类活动文本图卷积网络(Time Gated Human Activity Text Graph Convolutional Network, TG——HATGCN),该方法接收文本视角下的"用户-文本-词"图以及时间视角下的"用户-日期-词"图作为输入,并利用带时间门控机制的图卷积神经网络进行两种视角下的特征融合。本章在接下来的内容中,将介绍 3 种类型交互的建模过程,并解释为什么需要建模这 3 种类型的交互("词-文本"交互、"词-词"交互、"用户-文本"交互),以及怎样构建 TG-HATGCN 模型来得到人地交互视角下的地理实体表征。

一、基于 PMI 的"词-词"交互建模

本研究基于"词共现"来建模词之间隐含的"词-词"交互信息。在传统的 NLP 场景中,认为存在共现关系的两个词之间会存在隐含的关联,特别是在局部上下文中共现的两个词。这和地理学第一定律的假设类似:任何事物都与其他事物相关,但是近处的事物比远处的事物关联更紧密。本研究使用固定大小的滑动窗口来收集文本中的词共现信息,当两个词在

滑动窗口中共同出现了，则认为这两个词“共现”了一次，然后利用 PMI(Point - wise Mutual Information，点互信息)来计算两个词之间的交互权重：

$$\mathrm{PMI}(i,j)=\log\frac{p(i,j)}{p(i)p(j)},$$
$$p(i,j)=\frac{N_W(i,j)}{N_W} \tag{4-1}$$
$$p(i)=\frac{N_W(i)}{N_W}$$

其中，$\mathrm{PMI}(i,j)$ 表示词 i 和词 j 的交互权重。N_W表示滑动窗口在所有的文本中出现的次数，即滑动次数；$N_W(i)$ 表示词 i 在上下文窗口中出现的次数；$N_W(i,j)$ 表示词 i 和词 j 在上下文窗口中同时出现的次数；由此易得，$p(i)$ 表示词 i 在上下文窗口中的出现频率，$p(i,j)$ 表示词 i 和词 j 在上下文窗口中同时出现的频率。$\mathrm{PMI}(i,j)$ 的值越大，则表示词 i 和词 j 之间的语义相关性越强，反之亦然。

使用 PMI 来建模“词-词”交互信息意味着：在所有的词对中，大多数的词对交互权重都是负数。负数意味着这两个词的语义相关性非常低，或者基本上不相关。因此，本研究只在 PMI 权重为正数的词对之间建立关联，这可以减少大量不必要的计算时间开销。

二、基于 TF - IDF 的“词-文本”交互建模

在词和文本之间建立关联的一种想法：若词在该文本中出现，则它们之间存在“词-文本”交互，而词在文本中出现的次数反映了词和文本之间的关联强度，可以用来设计“词-文本”交互的权重(边的权重)。实际上，文本中的每一个词对文本的表征来说并不都是重要的，因为有些词在大多数文本中都会出现，而有些词只在少数文本中出现。只在少数文本中出现的词，其语义贡献在文本表征过程中要远大于那些在大多数文本中都会出现的词。可以理解为：只在少数文本中出现的词，代表了这些文本与其他文本与众不同的特性，因此这些“特性词”更有利于文本的表征。

基于这种想法，使用 TF - IDF (Term Frequency - Inverse Document Frequency，词频-逆文档频率)来计算“词-文本”交互的权重。TF 指词在文本中出现的频率，而 IDF 指包含该词的文本在文本总数中占比的反对数。TF、IDF 以及 TF - IDF 的计算方式如下：

$$\mathrm{TF-IDF}=\mathrm{TF}*\mathrm{IDF},$$
$$\mathrm{TF}_w=\frac{\mathrm{N}_{\text{win a post}}}{\mathrm{N}_{\text{words in a post}}}, \tag{4-2}$$
$$\mathrm{IDF}=\log\left(\frac{\mathrm{N}_{\text{posts in whole corpus}}}{\mathrm{N}_{\text{posts containg word}w}+1}\right)$$

三、基于词分布的“用户-文本”交互建模

每一个用户都有其自身独特的活动模式和特定的文本表达习惯，这意味着引入用户信

息有助于对地理实体文本进行更好地表征。因此，本研究在文本及其拥有者之间构建“用户-文本”交互。

“用户-文本”交互的权重计算通过计算该文本中所包含的词汇个数得到，所含词汇数量越多，则意味着该文本对于用户而言越重要。通俗一点解释就是，词汇数量越多表示用户肯花越多的笔墨在该地理实体上，这意味着该地理实体对用户有着较强的正向或者负向的影响。如某家餐厅的饮食及相应服务非常的好，则用户会愿意用更多的文字去对齐进行评论，介绍其优点；反之，若商家的服务非常的不好，用户有了很不好的体验，也可能会用更多的文字去抨击该商家。“用户-文本”交互的权重 TexF(Text Frequency)具体计算方式如下所示：

$$\mathrm{TexF}_{ij}=\frac{S^i(j)}{\sum_{k=1}^{n}\sum_{t=1}^{m}S^k(t)} \tag{4-3}$$

其中 $S^i(j)$ 表示用户 i 所对应的文本 j 中所包含的词汇数量，n 是用户的数量，m 表示与用户 k 对应的文本数量。

四、地理实体文本表征

图(graph)是用来建模对象(node)以及对象间关系(edge)的一种数据结构，也是建模复杂对象间交互的通用语言，这意味着可以通过图来建模并捕获文本以及用户之间存在的结构信息，同时使得地理实体文本的分析和计算变得简单，也有利于挖掘更加深入的文本内涵。近年来，将机器学习方法与图分析任务进行结合的方式受到越来越多学者的关注，并取得了显著的成果。图神经网络(Graph Neural Network，GNN)作为一种深度学习方法，由于它的高性能以及高可解释性等特点，受到学者广泛的青睐，并被应用于各种图分析任务中。图神经网络通过捕获局部的特征[当前节点及其 $k(k\geqslant 0)$ 跳范围内的邻居节点]并在全局加以传播，使得最终生成的节点嵌入能够有效地反映图结构特征，为本研究提供了新的思路。

如图 4-2 所示，将词、文本、日期以及用户作为图中的节点，它们之间的交互作为边，交互权重作为边的权重，则可以得到与该地理实体上的人类活动对应的异构图表达。具体地讲，通过前文中所述的 3 种类型的交互，可以得到文本视角下的“用户-文本-词”图，然后将“用户-文本-词”图中的“文本”节点替换为“日期”节点，则可以得到时间视角下的“用户-日期-词”图，分别定义为 $G_{\text{text}}=(V_{\text{text}},E_{\text{text}})$ 和 $G_{\text{date}}=(V_{\text{date}},E_{\text{date}})$，其中 V 和 E 分别表示节点集合和边集合。如图 4-2 所示，TG-HATGCN 模型包含两种不同视角(文本视角和时间视角)的 GCN 模块，分别用于处理图 G_{text} 和图 G_{date}；然后通过一个门控机制对 GCN 模块得到的文本节点嵌入和时间节点嵌入进行融合，则可以得到融合“人地”交互信息的地理实体文本嵌入；最后，融合的节点嵌入将被输入到一个 softmax 分类器中对地理实体文本的类别进行预测。

定义 $X\in R^{n\times m}$ 为包含 n 个节点，且节点的特征向量维度为 m 的初始特征矩阵。日期节点的初始特征对应其特征编码向量，具体地讲，每一个日期节点由 4 个部分编码构成：4 位的

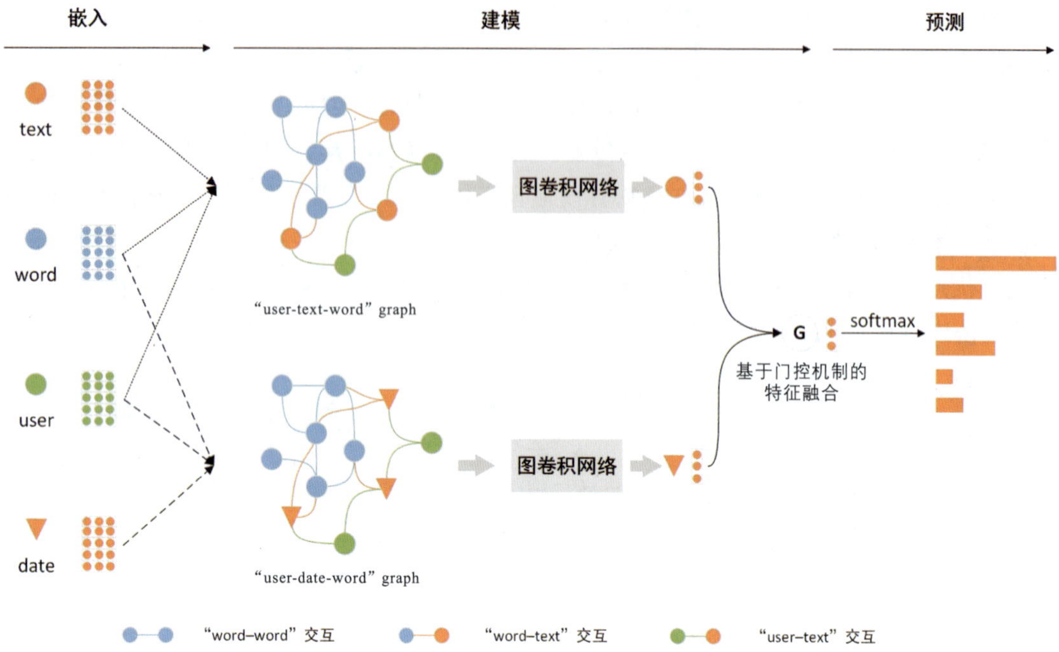

图 4-2 时间感知的地理实体文本表征模型（TG-HATGCN）

季节编码、12 位的月份编码、1 位的工作日编码(是否为工作日)以及 7 位的星期编码，每一个部分都由一个 one-hot 编码向量表示，最终的日期向量由这 5 个部分对应的 one-hot 向量拼接得到。词节点的初始特征由研究内容一"引入义原结构信息的双层注意力词表征方法"得到(注意，若词表中未出现的词则进行随机初始化)；文本节点的初始特征由所包含词节点的均值特征得到；用户节点的初始特征由随机初始化得到。

TG-HATGCN 模型的两种不同视角的 GCN 模块都由两层的图卷积层组成(有关图神经网络的数学及相关理论见第二章)，图卷积层的操作定义如下：

$$L^{(j+1)}=\rho(\widetilde{A}L^{(j)}W_j) \tag{4-4}$$

其中，$L^{(j)}$ 表示第 j 层的节点嵌入表征，且第 0 层为节点初始特征，即 $L^{(0)}=X$；$\widetilde{\boldsymbol{A}}=\boldsymbol{D}^{-\frac{1}{2}}\boldsymbol{A}\boldsymbol{D}^{\frac{1}{2}}$ 为对称归一化的邻接矩阵，$\boldsymbol{A}$ 是图 G 的邻接矩阵且对角线元素为 1(包含自邻接)；$\boldsymbol{D}$ 是图 G 的度矩阵，即 $\boldsymbol{D}_{ii}=\sum_j A_{ij}$；$\boldsymbol{W}_j\in R^{m\times k}$ 为待训练的权重矩阵；ρ 为激活函数。

通过将文本视角下的"用户-文本-词"图 G_{text} 和时间视角下的"用户-日期-词"图 G_{date} 作为两层 GCN 模块的输入，则分别可以得到文本节点嵌入 L_{text} 和时间节点嵌入 L_{date}：

$$\begin{aligned}L_{\text{text}}&=f_{\text{text}_{\text{mask}}}(\widetilde{\boldsymbol{A}}_{G_{\text{text}}}\text{ReLU}(\widetilde{\boldsymbol{A}}_{G_{\text{text}}}\boldsymbol{X}_{G_{\text{text}}}\boldsymbol{W}_0^{G_{\text{text}}})\boldsymbol{W}_1^{G_{\text{text}}}),\\L_{\text{date}}&=f_{\text{date}_{\text{mask}}}(\widetilde{\boldsymbol{A}}_{G_{\text{date}}}\text{ReLU}(\widetilde{\boldsymbol{A}}_{G_{\text{date}}}\boldsymbol{X}_{G_{\text{date}}}\boldsymbol{W}_0^{G_{\text{date}}})\boldsymbol{W}_1^{G_{\text{date}}})\end{aligned} \tag{4-5}$$

其中，f 表示过滤函数；$f_{\text{text}_{\text{mask}}}$ 表示从所有的节点输出嵌入表征中得到文本节点的嵌入表征；$f_{\text{date}_{\text{mask}}}$ 表示从所有的节点输出嵌入表征中得到日期节点的嵌入表征。

然后，本研究提出了一种基于门控机制的融合方式 $\sigma(L_{date})\odot L_{post}$，用于融合文本节点嵌入表征 L_{text} 和日期节点嵌入表征 L_{date}，其中 σ 指门控函数（如 sigmoid 函数），$\odot$ 为哈达玛乘积（向量各元素按位点乘）。因此 softmax 分类器 Z 则可以被定义为：

$$Z=\text{softmax}(L_{post}+\sigma(L_{date})\odot L_{post}+L_{date}) \tag{4-6}$$

其中，$\text{softmax}(x_i)=\frac{1}{\hat{z}}\exp(x_i)$ 且 $\hat{z}=\sum_i \exp(x_i)$。

最后，模型的 Loss 函数定义为所有带标签地理实体文本上的交叉熵损失：

$$L=-\sum_{d\in D_y}\sum_{k=1}^{K}Y_{dk}\ln Z_{dk} \tag{4-7}$$

其中，D_y 表示所有带标签的地理实体文本集合；K 为最终的节点嵌入输出维度，与标签的类别数量（标签的维度）一致；Y 是地理实体文本的标签矩阵。式（4-5）中的权重矩阵 $\boldsymbol{W}_0$ 和 $\boldsymbol{W}_1$ 将通过梯度下降法进行训练。

第三节　实验和结果分析

在本节中，模型的性能将由地理实体的功能分类任务进行评估，具体为图节点的分类。首先，将介绍实验数据集，该数据集在 Yelp 开源数据集的基础上构建得到；紧接着将介绍实验的设置，包括数据集的划分、对照实验的设置、参数的选择以及实验评估度量的介绍；最后将给出模型在分类任务上的评估结果。

一、数据集

为了验证本研究所提模型的有效性，本研究从包含人类在地理实体上活动行为（文本）的开源 Yelp 社交媒体数据集（https://www.yelp.com/dataset）中构建了一个用于模型训练和评估的数据集。本研究从下载的数据集中选取了 300 名用户的活动文本，并从中移除了文本数据缺失的两名用户，故最终得到包含 298 名用户的共 23 701 篇文本数据（包含时间）。每篇文本被标记为共 14 种类别中的其中一种，包括："Food"（饮食）、"Beauty & spa"（美容和 SPA）、"Entertainment"（休闲娱乐）、"Travel"（旅游）、"Shopping"（购物）、"Service"（公共服务）、"Sports"（运动）、"Health"（健康）、"Car"（车）、"Nightlife"（夜生活）、"Pets"（宠物）、"Education"（教育）、"Religious"（宗教）以及"Mass media"（大众媒体）。如表 4-1 所示，所构建的数据集中每一个样本都由文本内容、用户 id、文本所属类型（地理实体的功能类型）以及文本产生的日期（用户的活动日期）4 个部分组成，平均每篇文本包含 84.51 个词。从该数据集上构建的"用户-文本-词"图包含 41 917 个节点（17 918 个词节点、23 701 个文本节点以及 298 个用户节点），这些节点由 12 436 864 条"词-词"边、1 666 595 条"词-文本"边以及 23 701 条“用户-文本”边进行关联。“用户-日期-词”图由“用户-文本-词”图通过替换文本节点为日期节点得到(日期节点的数量和文本节点的数量一样，具有相同日期的节点，其节点表征相同)。

表 4-1 数据集样本示例

Attribute	Value	Description
Text	The pizza was ok. Not the best I've had	用户在该地理实体上产生的文本
User id	msQe1u7Z_XuqjGoqhB0J5g	每个用户的唯一标识
Type	Food	文本类别
Date	2011-02-25	文本产生的日期

注:每个样本包括文本内容、用户 id、文本类型以及日期。

社交媒体数据的产生和人类的日常活动行为紧密联系在一起，这意味着不同类别的文本数据分布是不平衡的(不同的用户有自己的活动倾向，通常会倾向于常去同一种类型的地理实体)。如表 4-2 所示，“Food”(饮食)和“Shopping”(购物)这两种类型的地理实体最受用户欢迎，换句话说，人类日常的活动行为主要集中在饮食和购物上。不同种类数据的分布不均衡对于地理实体文本的准确表征是一个巨大的挑战，核心在于少量样本数据类别的表征，要求模型具有充分利用少量样本数据的能力。

表 4-2 不同类别上的数据分布情况统计

Type	Train	Test	Total
Food	11 577	4962	16 539
Beauty & spa	146	62	208
Entertainment	661	283	944
Travel	497	213	710
Shopping	1602	687	2289
Service	566	242	808
Sports	501	214	715
Health	83	36	119
Car	221	95	316
Nightlife	616	264	880
Pets	47	20	67
Education	24	10	34
Religious	26	11	37
Mass media	25	10	35

二、实验设置

本研究从构建的数据集中随机选择 70%(16 592)作为训练集,剩余的 30%(7109)作为测试集,并从训练集中随机选择 10%作为验证集。

对于本研究提出的 TG - HATGCN 模型,第一层 GCN 网络的节点嵌入输出的维度设为 200,滑动窗口大小设为 20。模型的初始学习率和训练过程中隐藏层神经元的丢弃率(dropout rate)分别设为 0.02、0.5。模型的训练采用 Adam 优化器,训练轮数(epoch)为 300(300 为最高训练轮数,若模型在验证集上近 10 轮的 Loss 函数值没有下降,则模型训练提前终止)。一些经典的模型,如 CNN 和 ALSTM - DE(activity LSTM with dictionary embedding)将被作为实验的基线模型,这些模型的词嵌入表征输入由 Word2Vec 模型训练得到。

分类任务上广泛使用的度量指标,包括"macro/micro"视角下的 precision、recall 以及 F1 得分,将被用于本研究所提模型以及基线模型的评估。这些度量指标的具体计算方式如下:

$$\begin{cases} \mathrm{Mic}_{\mathrm{Precision}} = \dfrac{\mathrm{TP}}{\mathrm{TP}+\mathrm{FP}} \\ \mathrm{Mic}_{\mathrm{Recall}} = \dfrac{\mathrm{TP}}{\mathrm{TP}+\mathrm{FN}} \\ \mathrm{Mic}_{\mathrm{F1}} = 2 \cdot \dfrac{\mathrm{Mic}_{\mathrm{Precision}} \cdot \mathrm{Mic}_{\mathrm{Recall}}}{\mathrm{Mic}_{\mathrm{Precision}} + \mathrm{Mic}_{\mathrm{Recall}}} \end{cases} \tag{4-8}$$

$$\begin{cases} \mathrm{Mac}_{\mathrm{Precision}} = \dfrac{1}{n}\sum_{1}^{n} P_i \\ \mathrm{Mac}_{\mathrm{Recall}} = \dfrac{1}{n}\sum_{1}^{n} R_i \\ \mathrm{Mac}_{\mathrm{F1}} = 2 \cdot \dfrac{\mathrm{Mac}_{\mathrm{Precision}} \cdot \mathrm{Mac}_{\mathrm{Recall}}}{\mathrm{Mac}_{\mathrm{Precision}} + \mathrm{Mac}_{\mathrm{Recall}}} \end{cases} \tag{4-9}$$

其中 TP、FP 和 FN 分别表示所有类别样本上的 true positive rate、false positive rate 和 false - negative rate。n 表示文本种类数,P_i 和 R_i 分别表示第 i 个类别上的 Precision 和 recall。P_i 和 R_i 的计算方式与 $\mathrm{Mic}_{\mathrm{Precision}}$ 及 $\mathrm{Mic}_{\mathrm{Recall}}$ 类似,不过 P_i 和 R_i 针对单个类别,而 $\mathrm{Mic}_{\mathrm{Precision}}$ 和 $\mathrm{Mic}_{\mathrm{Recall}}$ 针对所有类别。

三、结果分析

本研究在构建的数据集上进行了所提模型和基线模型的对比实验,这些模型在测试集上的评估结果如表 4 - 3 所示。

表 4-3　与基线模型的评估结果对比

Type	CNN		ALSTM-DE		TG-HATGCN	
	Pre	F1	Pre	F1	Pre	F1
Food	0.806	0.832	**0.963**	0.966	**0.963**	**0.970**
Beauty&spa	0.167	0.192	0.719	0.689	**0.914**	**0.883**
Entertainment	0.585	0.441	0.756	0.691	**0.831**	**0.788**
Travel	0.622	0.578	0.822	0.833	**0.849**	**0.859**
Shopping	0.742	0.654	0.786	0.829	**0.876**	**0.874**
Services	**0.782**	**0.760**	0.530	0.557	0.708	0.709
Sports	0.649	0.577	0.740	0.755	**0.841**	**0.866**
Health	0.083	0.124	0.765	0.491	**0.963**	**0.825**
Car	0.640	0.689	0.800	0.706	**0.832**	**0.804**
Nightlife	**0.991**	0.583	0.766	0.693	0.805	**0.768**
Pets	0.048	0.080	0.600	0.514	0.938	0.833
Education	**1.000**	**0.462**	0.500	0.167	**1.000**	0.333
Religious	**1.000**	0.167	0.714	0.556	0.909	**0.909**
Mass media	**1.000**	**0.462**	0.500	0.167	**1.000**	**0.462**
Mic	0.757	0.757	0.898	0.898	**0.926**	**0.926**
Mac	0.651	0.526	0.712	0.637	**0.888**	**0.777**

注："Pre"表示 precision，"F1"表示 F1-score，"Mac"和"Mic"为"Pre"和"F1"的前缀，用于表示"macro/micro"视角下的 precision 以及 F1 得分。每一行结果中，粗体表示最优的"Pre"/"F1"。

从表 4-3 的实验结果中可以发现，TG-HATGCN 模型在"Mic"和"Mac"两种视角的评估指标下都取得了最佳的评估结果，而 CNN 模型的表现最差。这种现象产生的很大一部分原因在于数据的分布不均衡，从而导致少样本类别的数据不易得到准确的表征，而通过图结构进行建模(在少样本类别数据和多样本类别数据之间建立联系)，并利用图神经网络捕获局部/全局的结构特征，有助于改善数据分布不均衡带来的少样本类别数据训练不充分的问题。

为了更好地观察和分析不同类别下模型的分类结果，在图 4-3 中给出了混淆矩阵的热图表示。从该图中可以很直观地看出本研究所提模型在解决样本类别分布不均衡的问题上表现最优(对角线上的颜色越深，则表示模型的效果越好)。除了分类任务外，本研究所提模型应该在其他任务场景中也能有较优的表现，其建模的"人地"交互信息(文本视角和时间视角)对大多数的地理分析任务场景都能起到促进作用。

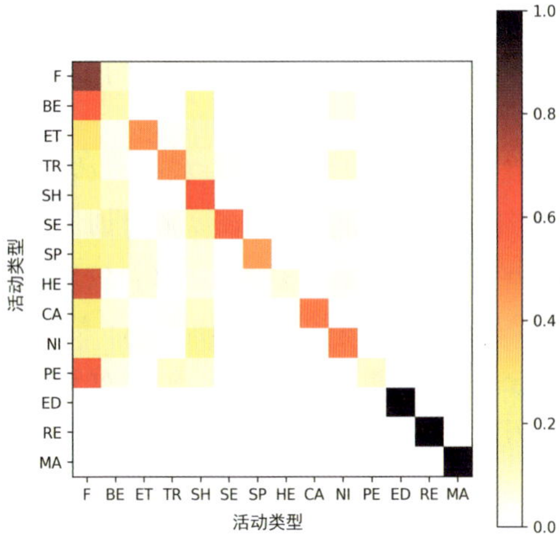

(a) CNN_COL

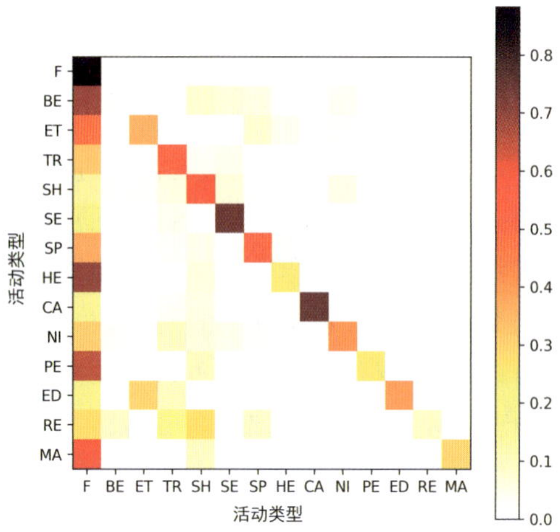

(b) CNN_ROW

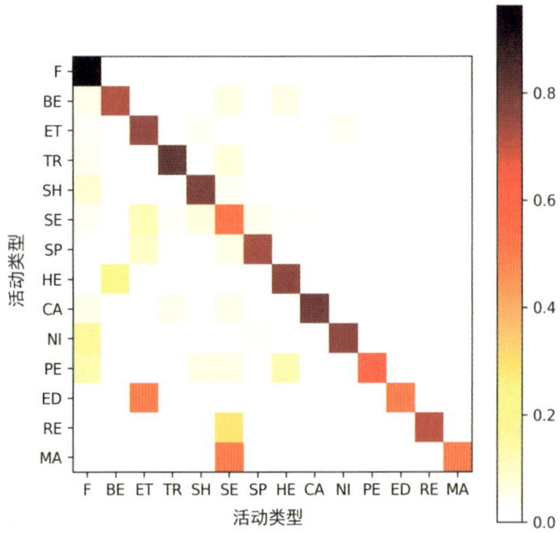

(c) ALSTM-DE_COL

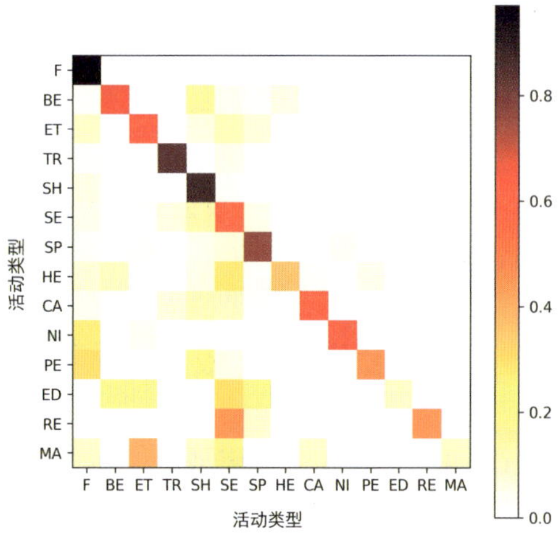

(d) ALSTM-DE_ROW

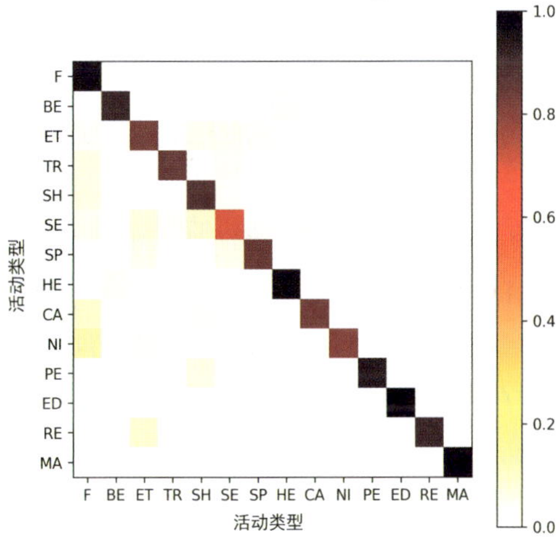

(e) TG-HATGCN_COL

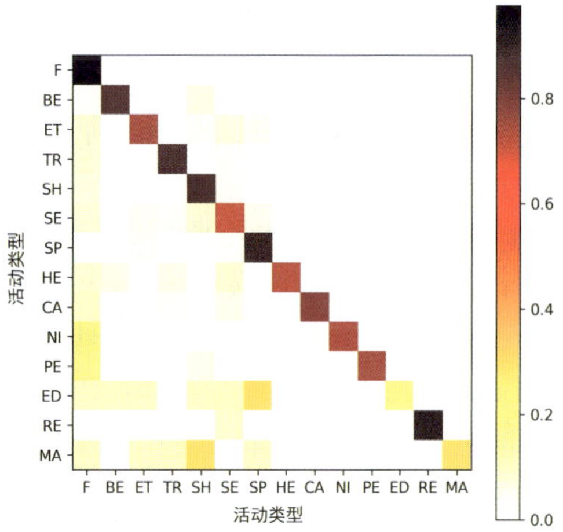

(f) TG-HATGCN_ROW

图 4-3 模型在不同类别上的分类结果(混淆矩阵)的热图表示

由于实验是在分布不均衡的数据集上进行，故此处对原始混淆矩阵中的结果分别进行了列归一化（COL）和行归一化（ROW）处理。对角线上的“COL”值对应 precision 得分，对角线上的“ROW”值对应 recall 得分。

TG－HATGCN 模型通过在图上进行的邻居节点信息传播来捕获图的结构信息（不同类型的交互信息），从而使得不同种类的地理实体文本不再独立进行训练，而是通过图结构建立了紧密的联系（少样本类别数据能够得到充分的特征交互），因此该模型能够有效地改善数据类别不平衡/数据稀缺的问题，并在实验中取得了最优的结果。这表明，引入“人地”交互信息（文本视角和时间视角），并在模型中加以融合，是改善数据分布不平衡/数据稀缺上的地理实体文本表征问题的一种较优的解决方案，因此在各种不同的地理分析任务场景中也可以借鉴这种思路。

第四节　讨　论

为了更好地说明本研究模型的有效性及内在机理，本节从多种不同的角度来对模型进行分析，具体如下。

一、训练时间和收敛性分析

表 4－4 中给出了不同模型的训练时间开销，可以发现本研究所提模型和 CNN 模型的训练时间基本相同，大概是 ALSTM－DE 模型所花时间的 1/3。在保证训练时间开销基本上不增加的前提下，本研究所提模型与传统的基线方法相比能够获得最佳的性能。

表 4－4　模型训练时间比较

Model	Run Time/s
CNN	5622
ALSTM－DE	15 233
TG－HATGCN	5795

为了探究模型训练过程中的性能变化，在图 4－4 中给出了模型的训练精度曲线和 Loss 曲线。如图 4－4(a) 所示，模型的训练精度在整个学习过程中逐渐提升，这意味着地理实体的表征准确性随着训练的过程在不断地增加；图 4－4(b) 中的 Loss 曲线逐渐降低，这意味着地理实体文本的分类误差在学习过程中逐渐降低。更加重要的是，本研究的模型在前 150 轮的训练中就可以达到收敛的状态。尽管其他基线模型相较本研究的模型在前 30 轮的训练过程中具有更高的精度和更低的 Loss 值，但是基线模型的精度值和 Loss 值总是在小范围内产生波动。这些现象都表明了本研究所提模型相较于基线模型在训练过程中更加稳定，并且能够更快的收敛。

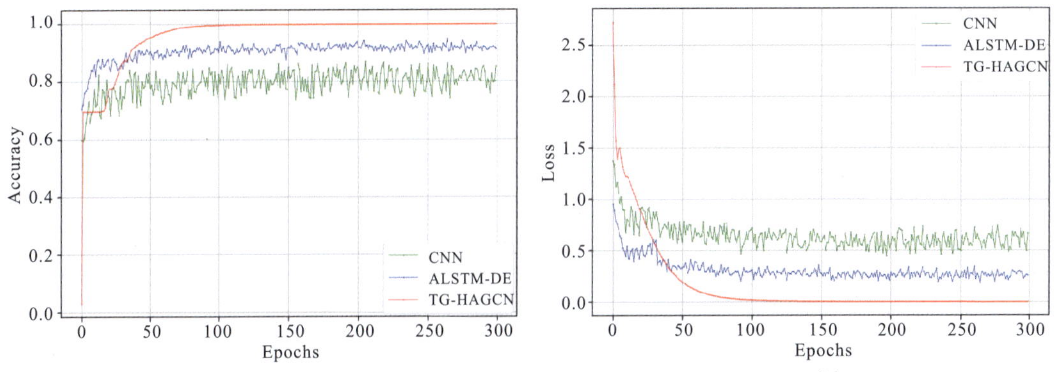

图 4 - 4　模型的训练精度曲线(a)和 Loss 曲线(b)

二、词向量维度和上下文窗口大小的影响

本研究所提模型有两个额外的超参:词向量的维度、上下文窗口的大小。在本节中将通过两组实验来分别探究该参数对模型的影响程度。

滑动窗口的大小定义了共同出现的词汇数量,如果滑动窗口过小,则模型不能够捕获足够的语义信息;反之,如果滑动窗口过大,模型容易引入更多额外的噪声。在第一组实验中,模型另一个超参——“词向量的维度”将被固定为 200 维,然后滑动窗口的大小将在 5～20 中进行取值。如表 4 - 5 所示,在实验结果中滑动窗口对本研究所提模型的性能只有少量的影响,并且呈现随窗口逐渐增大、性能少量增加的趋势,这表明本研究所提模型对滑动窗口的大小并不敏感。

表 4 - 5　当词向量的维度被固定为 200 维时,不同滑动窗口大小下模型的“Precision”得分和“F1”得分

Metric	Sliding Window size=5	Sliding Window size=10	Sliding Window size=15	Sliding Window size=20
Mic - Precision	0.922 4	0.923 2	0.923 2	**0.925 9**
Mac - Precision	0.866 1	0.863 1	0.864 1	**0.887 7**
Mic - F1	0.922 4	0.923 2	0.923 2	**0.925 9**
Mac - F1	0.753 9	0.766 2	0.754 1	**0.777 4**

词向量的维度直接决定了本研究所提模型隐藏层的参数数量。当词向量的维度过小时,模型容易欠拟合;反之,当模型的维度过大时,模型容易过拟合。在第二组实验中,模型的另一个参数——“滑动窗口的大小”将被固定为 20,然后词向量的维度将在 100～300 中进行取值。如表 4 - 6 所示,模型在词向量维度设置为 200 的时候表现最佳,但相较于其他维度也只有少量的提升。

表 4-6　当滑动窗口大小被固定为 20 时，不同词嵌入维度下模型的“Precision”得分和“F1”得分

Metric	100 - Dimension	200 - Dimension	300 - Dimension
Mic - Precision	0.921 9	**0.925 9**	0.922 9
Mac - Precision	0.800 7	0.887 7	**0.891 5**
Mic - F1	0.921 9	**0.925 9**	0.922 9
Mac - F1	0.733 3	**0.777 4**	0.752 2

总而言之，本研究所提模型对“词向量维度”和“滑动窗口大小”这两个参数并不敏感，因而在本研究中选择了前人研究中最常用的取值，即分别为 200 和 20，这表明了本研究所提模型具有良好的鲁棒性。

三、不同类型交互的影响

在本章第二节中，本研究定义了 3 种类型的交互——“词-词”交互、“词-文本”交互以及“用户-文本”交互。这 3 种交互分别对应 3 种权重计算方式——PMI(点互信息)、TF - IDF(词频-逆文档频率)以及 TextF(文本频率)。为了验证这 3 种权重计算方式在模型中的确起到了相应的作用，此处将这 3 种权重依次替换为固定值 1 并进行相应的实验，来探究对模型产生的影响。实验结果如表 4 - 7 所示。

表 4-7　3 种交互类型的权重对模型性能的影响

Metrics	Model			Precision	F1
	W - W	W - T	U - T		
Mic	1	1	1	0.905 8	0.905 8
	PMI	1	TextF	0.911 0	0.911 0
	1	TFIDF	TextF	0.921 6	0.921 6
	PMI	TFIDF	1	0.920 4	0.920 4
	PMI	TFIDF	TextF	**0.925 9**	**0.925 9**
Mac	1	1	1	**0.905 8**	0.588 9
	PMI	1	TextF	0.743 0	0.563 0
	1	TFIDF	TextF	0.807 4	0.729 4
	PMI	TFIDF	1	0.866 2	0.762 1
	PMI	TFIDF	TextF	0.887 7	**0.777 4**

如表 4 - 7 中的结果所示，当 3 种类型交互的权重同时由 PMI(点互信息)、TF - IDF(词频-逆文档频率)以及 TextF(文本频率)进行计算时，模型的性能达到最佳。实验表明对不

同类型的交互采用针对性的权重计算方式，能够有效地改善节点的表征(本质是优化了节点之间的信息传播过程)。当3种类型的交互权重都被设置为常量1时，模型在Mac下有最优的Precision得分，但是其F1得分却显得十分糟糕。原因在于，在这种设置下，不同类型节点之间的差异性将被弱化，这导致的结果是样本多的类别其分类结果将很好，而样本少的数据类别其分类结果将非常差。当"W－T"(词-文本)被设置为1时，模型的效果相较于其他情况将变得更加糟糕，这意味着TF－IDF的计算方式能够有效地捕获文本和词汇之间的关联，其发现的关键词能够显著地提升节点表征的质量。

四、消融实验

为了更加深入地探究TG－HATGCN模型的不同组成部分对模型性能的影响，本节将进行模型的消融实验分析。实验结果如表4－8所示，结果表明"TG－HATGCN"模型优于既没有引入用户信息也没有引入时间信息的"TG－HATGCN/Date &/User"模型，而既没有引入用户信息也没有引入时间信息的"TG－HATGCN/Date &/User"模型却优于仅没有引入用户信息的"TG－HATGCN/User"模型和仅没有引入时间信息的"TG－HATGCN/Date"模型。这种现象表明时间信息和用户信息对于TG－HATGCN模型而言是同样重要的，当只考虑时间信息或者用户信息时，模型并不能得到显著地提升，相反，模型的效果反而有可能会变差。原因可能在于社交媒体数据的产生是人类在特定时间点下在不同的地理实体上发生的活动行为，其对于不同的用户而言是存在差异的，并且在时间上的分布也是各异的。因此只有综合各种因素进行分析，而不是独立于某种因素，才能有效地对人类在地理实体上产生的"交互"信息进行建模。

表4－8　消融模型的"Precision"得分和"F1"得分

Model	Precision	F1
Mic(TG－HATGCN)	**0.925 9**	**0.925 9**
Mic(TG－HATGCN/Date)	0.921 6	0.921 6
Mic(TG－HATGCN/User)	0.922 6	0.922 6
Mic(TG－HATGCN/Date &/User)	0.921 8	0.921 8
Mac(TG－HATGCN)	**0.887 7**	**0.777 4**
Mac(TG－HATGCN/Date)	0.844 3	0.759 3
Mac(TG－HATGCN/User)	0.855 8	0.735 6
Mac(TG－HATGCN/Date &/User)	0.877 5	0.773 9

注："TG－HATGCN/Date"表示在TG－HATGCN模型中删除日期节点，即输入的图只有"用户-文本-词"图；"TG－HATGCN/User"表示在TG－HATGCN模型中删除用户节点，即输入的图为"文本-词"图和"日期-词"图；"TG－HATGCN/Date &/User"表示在TG－HATGCN模型中删除日期节点和用户节点，即输入的图只有"文本-词"图。

五、地理实体类型与词的相关性分析

为了探究模型中地理实体的类型与词之间的相关性，本节通过计算模型生成的词嵌入和类型嵌入之间的语义距离来评估它们之间的相关性。首先选择地理实体类型名称中的关键词作为类型词，类型词对应的词嵌入表征即作为类型嵌入。本研究构建的数据集中包含14种类型，分别是："Food"(饮食)、"Beauty & spa"(美容和SPA)、"Entertainment"(休闲娱乐)、"Travel"(旅游)、"Shopping"(购物)、"Service"(公共服务)、"Sports"(运动)、"Health"(健康)、"Car"(车)、"Nightlife"(夜生活)、"Pets"(宠物)、"Education"(教育)、"Religious"(宗教)、"Mass media"(大众媒体)。其对应的类型词分别为："Food""Beauty&spa""Entertainment""Travel""Shopping""Service""Sports""Health""Car""Nightlife""Pets""Education""Religious""Mass media"。然后，计算所有词和选取的14种类型词对应向量表征的余弦距离，并选取和类型词余弦距离最小的前7个词。

如表4-9所示，依据常识可以发现，每一行中的前7个词基本上都是出现在同一种类型场景中，这意味着本研究所提模型能够将同一种类型的词汇正确的映射到同一个向量空间中。实验结果表明，本研究的模型在训练过程中正确地捕获到了地理实体类型和词汇之间的语义关联，这对于地理实体的文本表征是十分有意义的。

表4-9 不同地理实体类型中语义距离排名最靠前的7个词

Type Word	Similar Words of Type Word						
Food	drink	foods	supplies	meat	fresh	eating	fish
Beauty	psyche	beautiful	beast	truth	her	pleasure	happiness
Entertainment	theater	movie	stage	museum	acrobatics	film	dancer
Travel	travels	trip	journey	explore	go	visit	visitors
Shopping	mall	restaurant	retail	shops	entertainment	stores	attractions
Service	clean	customer	carpet	realtor	professional	fix	technician
Sports	sport	teams	football	sporting	racing	clubs	basketball
Health	medical	care	mental	health	treatment	disease	benefits
Car	vehicle	oil	auto	repair	kia	drive	mechanic
Nightlife	bar	drink	night	club	dj	beers	pub
Pets	dogs	cat	cats	mouse	horses	mice	boss
Education	school	teacher	class	student	college	learning	instructor
Religious	political	religion	social	christian	spiritual	secular	moral
Mass media	radio	news	music	listen	channel	listener	TV

注：从左到右，词与类型之间的语义距离逐渐增加。

第五节　本章小结

为了克服现有结合文本的地理实体表征中忽略隐含“人地”交互信息的问题，本研究提出了一种结合“人地”交互信息的带时间门控的人类活动文本图卷积网络。该模型通过针对两种不同视角的 GCN 模块能够有效地捕获“文本视角”和“时间视角”下的“人地”交互信息，从而能够显著地提升地理实体表征的性能，特别是能够有效地改善各种不同类型地理实体的文本分布不平衡的问题。此外，通过实验发现对不同类型的交互采用针对性的权重计算方式，能够有效地改善节点的表征，且用户信息和时间信息对于促进模型的表征效果提升是十分重要的。本研究的结果表明社交媒体数据中隐含的“人地”交互信息能够对地理数据挖掘和及其人工智能应用起到促进作用。得益于 GCN 模型能够链接各种不同类型的对象，并进行特征提取的优势，本研究所提出的模型能够很容易的被扩展到各种不同领域应用中的异构数据建模上，提供了一种建模多类型异构数据的解决方案。

在将来的工作中，其他类型的交互，如用户之间构成的社交网络等，将会被考虑添加到现有模型中，且地理实体的空间分布特征也将被考虑作为额外的信息补充。此外，本研究所提模型得到词表征嵌入、文本表征嵌入以及用户表征嵌入也需要在具体的下游任务中验证其表征的有效性。

第五章　融合多模态信息的多视角地理实体表征方法

在本章中，从多类型地理实体的空间结构出发，采用地理实体的“人地”交互特征（第四章“研究内容二”得到的地理实体文本特征）作为地理实体的语义补充，通过引入地理实体描述文本以及构建地理实体间的知识结构图，将文本特征与地理实体的空间结构进行关联。并借鉴向量平移以及知识图中实体信息传播的思想，将地理实体的文本特征融入到地理实体表征的过程中，从而使得地理实体在兼顾空间关系依赖的同时又能保证实体之间的多样性和文本语义依赖，实现准确建模不同分布模式下的地理实体表征。

第一节　研究动机

现有地理实体表征的研究主要针对单一类型的地理实体展开，如 Location2Vec、POI2Vec、Road2Vec、Place2Vec 等，缺乏对不同类型的地理实体在同一向量空间中进行表征的理论与方法，难以支持地理大数据中需求多样的关联分析任务。内因在于：①不同类型的地理实体并非孤立的，而是彼此间相互关联、相互影响，共同构成了地理空间环境/分布的表达。如图 5－1 所示，结合位置 C 及其周围不同类型地理实体的分布情况，可以更加准确的对位置 C 的语义进行表征。②各种地理实体间除了具有源于“地”的地理位置特征外，还蕴含一定的源于“空间”交互的角色特征，以及反映“人”的社会行为的文本特征等不同模态的信息。只有耦合这些信息建模后，才能更好地反演位置特征，从而更真实地模拟“人地”关系、融合认知，并在其上更有效地服务于各种空间应用。

因此，本研究从多个角度建模多类型地理实体间的关联关系，在同一向量空间内构建不同类型地理实体的统一表征，进而将异构（类型不同、属性不同、关联不同）地理实体的分析与推理，转换为统一表征上的分析与推理的新模式。存在的主要难点/挑战在于：①现有基于经典拓扑关系（如单一类型地理实体之间的相邻关系）来构建实体间关联的方式无法全面地描述多类型地理实体间的位置语义。②现有表征模型无法通过简单的扩展来适应多类型地理实体的表征学习。在以往的地理实体表征模型中，按照所采用的表征方法主要可以分为基于序列的模型和基于图的模型。这些模型多针对单一类型的简单邻接关系来成系列/

成图，忽略了不同类型地理实体所承当的空间角色（类型）信息，以及地理实体间复杂的空间依赖关系。③地理实体的各种语义信息（多源）异构、稀疏、分布不均衡，且语义信息存在不确定性（如文本描述，其来源不同，随意性较大，其内容、质量存在较大差异，文本字面表达有较大噪声），不同视角下的地理实体表征向量存在巨大差异。

图 5-1　人类活动场景中多类型地理实体间产生的多维语义关联

（街景图片来源：http://zh.wikipedia.org/zh/东百老汇大街）

受知识表示学习领域的启发，本研究以知识图（异构图）的形式对多类型地理实体进行统一组织，并引入研究内容二"人地交互视角下的地理实体文本表征方法"得到的"人地"交互特征，提出一种包含多类型地理实体空间结构信息的多模态地理知识表示学习方法来建模地理实体的表征。该方法能够有效地将地理实体的文本特征与地理实体之间的空间依赖信息相融合，从而实现多类型地理实体的准确建模。使用知识表示学习方法的优势在于知识图内部的特征传播机制能有效缓解数据稀疏及数据分布不均衡引起的特征学习不充分问题，且知识图属于异构图，对多源异构信息的融合具有天然的优势。

第二节　多视角下的多模态地理实体表征方法

本研究提出的多视角下的多模态地理实体表征模型，具体包含地理实体的两种模态特征："人地"交互特征和空间特征。其中"人地"交互特征指第三章"研究内容二"得到的地理实体文本特征，而空间特征将在本研究中得到。"多视角"包含两层含义，其一指分别从地理实体间的空间关系视角和"人地"交互视角来提取多模态特征，其二指地理实体的不同几何形态视角(点实体视角、线实体视角、面实体视角)。

在本节中将介绍本研究的基本框架,以及该框架包含的两个主要部分:①多类型地理实体的统一空间关系自动化构建(获取空间特征);②融合多模态特征的地理实体表征方法(融合空间特征和“人地”交互特征/地理实体文本特征的地理实体表征)。

一、多视角下的多模态地理实体表征框架

如图 5-2 所示,为了提取地理实体的空间特征,本研究首先从地理实体的几何形态视角出发,提出了一种对多类型地理实体之间的统一空间关系进行构建的方法,该方法以知识图谱(KG)的形式对多类型地理实体之间的空间关联进行组织。然后,将构建得到的地理实体空间知识图谱(GeoKG)和“研究内容二”得到的地理实体文本特征作为本研究所提多模态地理知识表征模型的输入,即可得到同时包含地理实体空间特征和“人地”交互特征的地理实体文本表征。其中“多类型地理实体的统一空间关系自动化构建”模块和“融合空间特征和‘人地’交互特征的多模态地理实体表征”模块是本研究的重点。

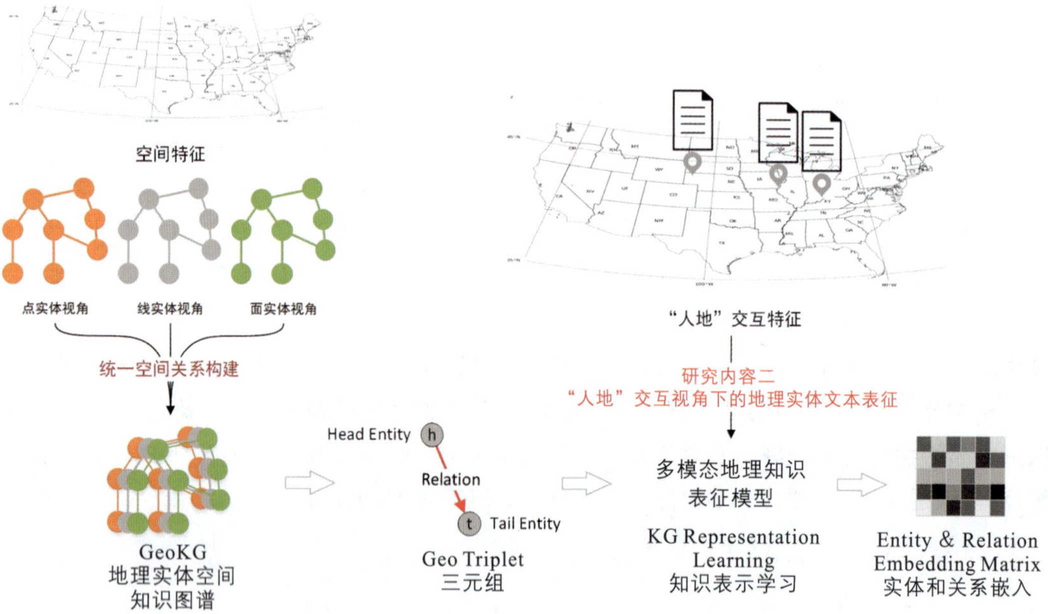

图 5-2 多视角下的多模态地理实体表征框架

需要注意的一点是,本研究所提框架是一个融合多模态信息的多类型地理实体表征的通用框架,不仅仅限于“人地”交互特征,还可以融合其他类型的特征,如图像特征等。

二、多类型地理实体的统一空间关系构建

本节的目的是基于地理实体的几何形态和位置信息，面向地理实体的表征需求，对多类型地理实体之间的统一空间关系构建方法进行研究，以期提供一种自适应的空间关系构建方法，构建的空间关系能准确全面地描述地理实体间的空间关联。

如图 5-3 所示，从地理实体的几何形态视角出发，本研究将地理实体划分为“点”实体、“线”实体和“面”实体。

(1)“点”实体——如用某个具体的地理坐标来标识的地点；

(2)“线”实体——如河流、路网等以线来表示的地理实体；

(3)“面”实体——如省、市、县、乡镇等包含区域边界的地理实体。

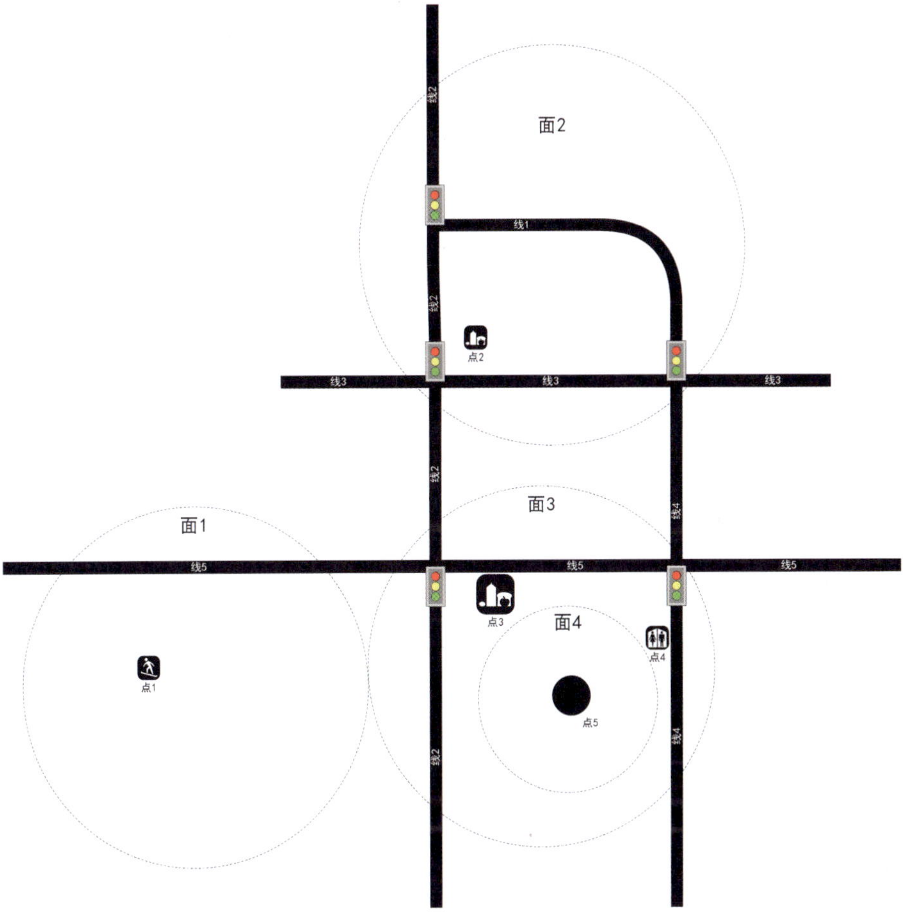

图 5-3　不同类型的地理实体分布示意图

（虚线圆表示“面”实体）

借助地理实体的空间分布，通过在不同类型地理实体之间构建空间关联，可以得到如图 5－4所示的地理空间知识图谱。具体地讲，地理实体的空间分布与地理空间知识图谱的对应关系如下：①地理实体对应地理空间知识图谱中的实体。如图 5－3 中的“面”实体对应图 5－4 中的大圆实体节点，“线”实体对应图 5－4 中的中圆实体节点，“点”实体对应图 5－4 中的小圆实体节点。②地理实体之间的空间关系对应地理空间知识图谱的关系。如图 5－3 中的“面 1”实体包含“点 1”实体，则在图 5－4 中对应存在一条由“面 1”实体节点指向“点 1”实体节点的“包含”关系边。

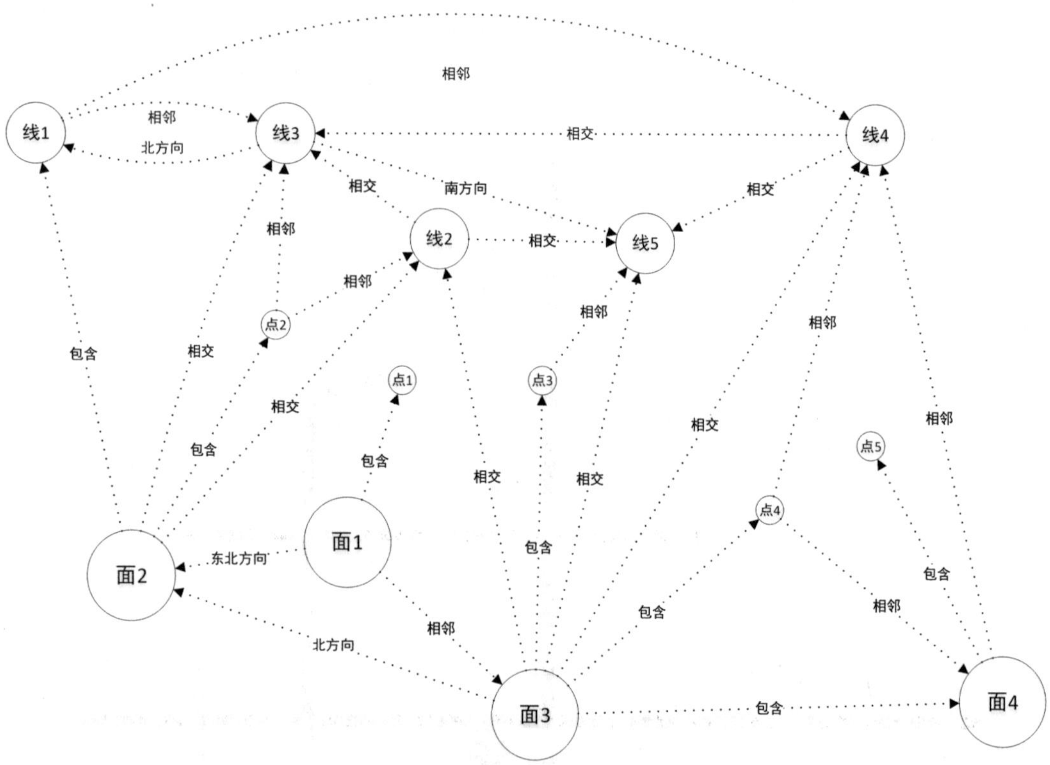

图 5－4　地理空间知识图谱

本研究采用的空间关系主要包含如下 3 种。

(1)拓扑关系：如相交、包含、被包含、相邻、相离等；

(2)方位关系：如东、南、西、北等定性表达，或基于经纬度的定量表达；

(3)距离关系，如很远、很近等定性表达或定量表达。

从点、线、面实体的不同几何形态视角出发，如表 5－1 所示，本研究在多类型地理实体之间共定义了 98 种关系，且为了对多类型地理实体间的关系有更直观地理解，在图 5－5 中给出了表 5－1 中所定义关系的部分图例。

表 5-1　多类型地理实体之间的关系定义

序号	关系类型	注释	自反性
1	$(p-p)_{adj}$	两个点实体相邻	√
2	$(p-l)_{adj}$	点实体和线实体相邻	√
3	$(p-s)_{adj}$	点实体和面实体相邻	√
4	$(l-l)_{adj}$	两个线实体相邻	√
5	$(l-s)_{adj}$	线实体和面实体相邻	√
6	$(s-s)_{adj}$	两个面实体相邻	√
7	$(s-p)_{con}$	面实体包含点实体	×
8	$(s-l)_{con}$	面实体包含线实体	×
9	$(s-s)_{con}$	一个面实体包含另一个面实体	×
10	$(p-s)_{con-1}$	点实体被面实体包含	×
11	$(l-s)_{con-1}$	线实体被面实体包含	×
12	$(s-s)_{con-1}$	一个面实体被另一个面实体包含	×
13	$(l-l)_{int}$	两个线实体相交	√
14	$(l-s)_{int}$	线实体和面实体相交	√
15	$(p-p)_{N-3}$	一个点实体在另一个点实体的正北方向 0°～3°范围内	×
16	$(p-p)_{N-6}$	一个点实体在另一个点实体的正北方向 3°～6°范围内	×
17	$(p-p)_{N-9}$	一个点实体在另一个点实体的正北方向 6°～9°范围内	×
18	$(p-p)_{N-12}$	一个点实体在另一个点实体的正北方向 9°～12°范围内	×
19	$(p-p)_{N-15}$	一个点实体在另一个点实体的正北方向 12°～15°范围内	×
20	$(p-p)_{N-18}$	一个点实体在另一个点实体的正北方向 15°～18°范围内	×
21	$(p-p)_{N-22.5}$	一个点实体在另一个点实体的正北方向 18°～22.5°范围内	×
22	$(s-p)_{N-3}$	点实体在面实体的正北方向 0°～3°范围内	×
23	$(s-p)_{N-6}$	点实体在面实体的正北方向 3°～6°范围内	×
24	$(s-p)_{N-9}$	点实体在面实体的正北方向 6°～9°范围内	×
25	$(s-p)_{N-12}$	点实体在面实体的正北方向 9°～12°范围内	×
26	$(s-p)_{N-15}$	点实体在面实体的正北方向 12°～15°范围内	×

续表 5-1

序号	关系类型	注释	自反性
27	$(s-p)_{N-18}$	点实体在面实体的正北方向 15°～18°范围内	×
28	$(s-p)_{N-22.5}$	点实体在面实体的正北方向 18°～22.5°范围内	×
29	$(s-s)_{N-3}$	一个面实体在另一个面实体的正北方向 0°～3°范围内	×
30	$(s-s)_{N-6}$	一个面实体在另一个面实体的正北方向 3°～6°范围内	×
31	$(s-s)_{N-9}$	一个面实体在另一个面实体的正北方向 6°～9°范围内	×
32	$(s-s)_{N-12}$	一个面实体在另一个面实体的正北方向 9°～12°范围内	×
33	$(s-s)_{N-15}$	一个面实体在另一个面实体的正北方向 12°～15°范围内	×
34	$(s-s)_{N-18}$	一个面实体在另一个面实体的正北方向 15°～18°范围内	×
35	$(s-s)_{N-22.5}$	一个面实体在另一个面实体的正北方向 18°～22.5°范围内	×
36	$(p-p)_{S-3}$	一个点实体在另一个点实体的正南方向 0°～3°范围内	×
37	$(p-p)_{S-6}$	一个点实体在另一个点实体的正南方向 3°～6°范围内	×
38	$(p-p)_{S-9}$	一个点实体在另一个点实体的正南方向 6°～9°范围内	×
39	$(p-p)_{S-12}$	一个点实体在另一个点实体的正南方向 9°～12°范围内	×
40	$(p-p)_{S-15}$	一个点实体在另一个点实体的正南方向 12°～15°范围内	×
41	$(p-p)_{S-18}$	一个点实体在另一个点实体的正南方向 15°～18°范围内	×
42	$(p-p)_{S-22.5}$	一个点实体在另一个点实体的正南方向 18°～22.5°范围内	×
43	$(s-p)_{S-3}$	点实体在面实体的正南方向 0°～3°范围内	×
44	$(s-p)_{S-6}$	点实体在面实体的正南方向 3°～6°范围内	×
45	$(s-p)_{S-9}$	点实体在面实体的正南方向 6°～9°范围内	×
46	$(s-p)_{S-12}$	点实体在面实体的正南方向 9°～12°范围内	×
47	$(s-p)_{S-15}$	点实体在面实体的正南方向 12°～15°范围内	×
48	$(s-p)_{S-18}$	点实体在面实体的正南方向 15°～18°范围内	×
49	$(s-p)_{S-22.5}$	点实体在面实体的正南方向 18°～22.5°范围内	×
50	$(s-s)_{S-3}$	一个面实体在另一个面实体的正南方向 0°～3°范围内	×
51	$(s-s)_{S-6}$	一个面实体在另一个面实体的正南方向 3°～6°范围内	×
52	$(s-s)_{S-9}$	一个面实体在另一个面实体的正南方向 6°～9°范围内	×

续表 5-1

序号	关系类型	注释	自反性
53	$(s-s)_{S-12}$	一个面实体在另一个面实体的正南方向 9°～12°范围内	×
54	$(s-s)_{S-15}$	一个面实体在另一个面实体的正南方向 12°～15°范围内	×
55	$(s-s)_{S-18}$	一个面实体在另一个面实体的正南方向 15°～18°范围内	×
56	$(s-s)_{S-22.5}$	一个面实体在另一个面实体的正南方向 18°～22.5°范围内	×
57	$(p-p)_{E-3}$	一个点实体在另一个点实体的正东方向 0°～3°范围内	×
58	$(p-p)_{E-6}$	一个点实体在另一个点实体的正东方向 3°～6°范围内	×
59	$(p-p)_{E-9}$	一个点实体在另一个点实体的正东方向 6°～9°范围内	×
60	$(p-p)_{E-12}$	一个点实体在另一个点实体的正东方向 9°～12°范围内	×
61	$(p-p)_{E-15}$	一个点实体在另一个点实体的正东方向 12°～15°范围内	×
62	$(p-p)_{E-18}$	一个点实体在另一个点实体的正东方向 15°～18°范围内	×
63	$(p-p)_{E-22.5}$	一个点实体在另一个点实体的正东方向 18°～22.5°范围内	×
64	$(s-p)_{E-3}$	点实体在面实体的正东方向 0°～3°范围内	×
65	$(s-p)_{E-6}$	点实体在面实体的正东方向 3°～6°范围内	×
66	$(s-p)_{E-9}$	点实体在面实体的正东方向 6°～9°范围内	×
67	$(s-p)_{E-12}$	点实体在面实体的正东方向 9°～12°范围内	×
68	$(s-p)_{E-15}$	点实体在面实体的正东方向 12°～15°范围内	×
69	$(s-p)_{E-18}$	点实体在面实体的正东方向 15°～18°范围内	×
70	$(s-p)_{E-22.5}$	点实体在面实体的正东方向 18°～22.5°范围内	×
71	$(s-s)_{E-3}$	一个面实体在另一个面实体的正东方向 0°～3°范围内	×
72	$(s-s)_{E-6}$	一个面实体在另一个面实体的正东方向 3°～6°范围内	×
73	$(s-s)_{E-9}$	一个面实体在另一个面实体的正东方向 6°～9°范围内	×
74	$(s-s)_{E-12}$	一个面实体在另一个面实体的正东方向 9°～12°范围内	×
75	$(s-s)_{E-15}$	一个面实体在另一个面实体的正东方向 12°～15°范围内	×
76	$(s-s)_{E-18}$	一个面实体在另一个面实体的正东方向 15°～18°范围内	×
77	$(s-s)_{E-22.5}$	一个面实体在另一个面实体的正东方向 18°～22.5°范围内	×
78	$(p-p)_{W-3}$	一个点实体在另一个点实体的正西方向 0°～3°范围内	×

续表 5-1

序号	关系类型	注释	自反性
79	$(p-p)_{W-6}$	一个点实体在另一个点实体的正西方向 3°～6°范围内	×
80	$(p-p)_{W-9}$	一个点实体在另一个点实体的正西方向 6°～9°范围内	×
81	$(p-p)_{W-12}$	一个点实体在另一个点实体的正西方向 9°～12°范围内	×
82	$(p-p)_{W-15}$	一个点实体在另一个点实体的正西方向 12°～15°范围内	×
83	$(p-p)_{W-18}$	一个点实体在另一个点实体的正西方向 15°～18°范围内	×
84	$(p-p)_{W-22.5}$	一个点实体在另一个点实体的正西方向 18°～22.5°范围内	×
85	$(s-p)_{W-3}$	点实体在面实体的正西方向 0°～3°范围内	×
86	$(s-p)_{W-6}$	点实体在面实体的正西方向 3°～6°范围内	×
87	$(s-p)_{W-9}$	点实体在面实体的正西方向 6°～9°范围内	×
88	$(s-p)_{W-12}$	点实体在面实体的正西方向 9°～12°范围内	×
89	$(s-p)_{W-15}$	点实体在面实体的正西方向 12°～15°范围内	×
90	$(s-p)_{W-18}$	点实体在面实体的正西方向 15°～18°范围内	×
91	$(s-p)_{W-22.5}$	点实体在面实体的正西方向 18°～22.5°范围内	×
92	$(s-s)_{W-3}$	一个面实体在另一个面实体的正西方向 0°～3°范围内	×
93	$(s-s)_{W-6}$	一个面实体在另一个面实体的正西方向 3°～6°范围内	×
94	$(s-s)_{W-9}$	一个面实体在另一个面实体的正西方向 6°～9°范围内	×
95	$(s-s)_{W-12}$	一个面实体在另一个面实体的正西方向 9°～12°范围内	×
96	$(s-s)_{W-15}$	一个面实体在另一个面实体的正西方向 12°～15°范围内	×
97	$(s-s)_{W-18}$	一个面实体在另一个面实体的正西方向 15°～18°范围内	×
98	$(s-s)_{W-22.5}$	一个面实体在另一个面实体的正西方向 18°～22.5°范围内	×

注：1～6 对应相邻关系，相邻关系是一种自反关系；7～9 对应包含关系；10～12 对应被包含关系；13～14 对应相交关系，相交关系也是一种自反关系；15～98 对应方位关系，其中 15～35 对应方位关系中的正北方位关系、36～56 对应方位关系中的正南方位关系、57～77 对应方位关系中的正东方位关系、78～98 对应方位关系中的正西方位关系。

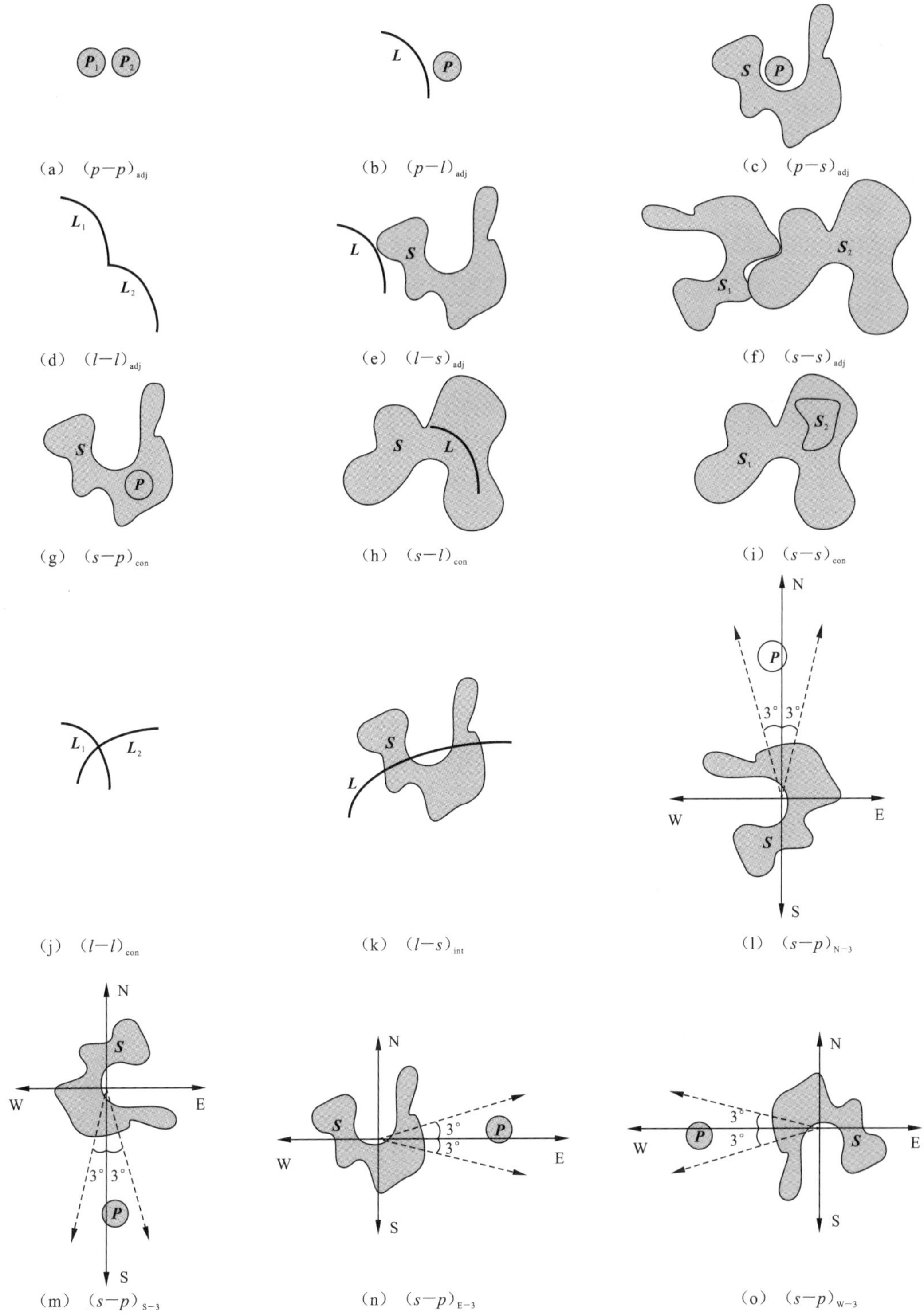

图 5-5　部分关系示例

图(a)～(o)与表 5-1 中的关系编号对应如下：(a)—1、(b)—2、(c)—3、(d)—4、(e)—5、(f)—6、(g)—7、(h)—8、(i)—9、(j)—13、(k)—14、(l)—22、(m)—43、(n)—64、(o)—85。

为了刻画不同类型的头尾实体在不同类型关系下的紧密程度，本研究引入实体的关系权重的概念 w_{ht}^{r}，表示当关系 r 的头尾实体分别为 h 和 t 时，关系 r 的权重。由高斯核函数计算得到：

$$w_{ht}^{r}=\exp\left(-\left(\frac{d_{ht}}{\lambda}\right)^{2}\right) \tag{5-1}$$

其中，d_{ht} 表示头实体 h 和尾实体 t 之间的距离，λ 表示高斯核函数的带宽。基本思想为地理实体之间的关系作用强度随着它们之间距离的增加而逐渐减弱。

由于地理空间知识图谱中存在的实体类型分为："面"实体、"线"实体和"点"实体。故距离 d_{ht} 的形式包括"面"和"面"间距离、"面"和"线"间距离、"面"和"点"间距离、"线"和"线"间距离、"线"和"点"间距离、"点"和"点"间距离 6 种。此处给出"面"和"面"间距离的定义，其余 5 种形式的距离可以看作"面"和"面"间距离的特例。

如图 5-6(a)所示，当"面 A"与"面 B"之间为相离关系(相邻可看作相离的特例)时，"面 A"与"面 B"之间的距离为：

$$d_{AB}=l_{AB}-r_{A}-r_{B} \tag{5-2}$$

其中，l_{AB} 表示"面 A"中心到"面 B"中心的距离，r_A 和 r_B 分别表示"面 A"和"面 B"的径向半径。

如图 5-6(b)和图 5-6(c)所示，当"面 A"与"面 B"之间为相交关系或包含关系时，"面 A"与"面 B"之间的距离为：

$$d_{AB}=l_{AB} \tag{5-3}$$

其中，l_{AB} 表示"面 A"中心到"面 B"中心的距离。

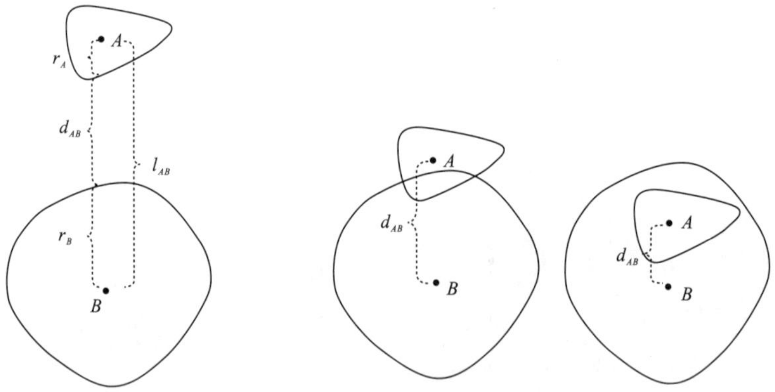

(a) 相离　　(b) 相交　　(c) 包含

图 5-6 "面"实体和"面"实体间距离的定义

将得到的关系权重加入到图 5-4 的地理空间知识图谱中，即可得到如图 5-7 所示的加权地理空间知识图谱。

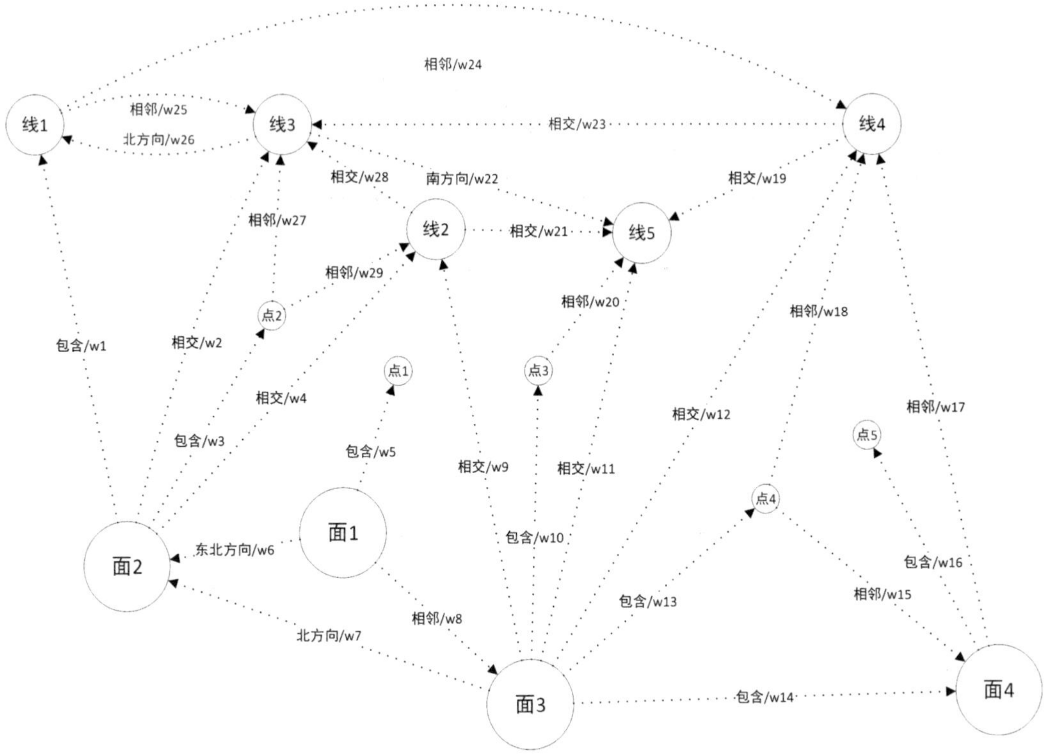

图 5-7　加权地理空间知识图谱

三、多模态地理知识表征

在本研究中，地理实体的描述文本可以是任意一段与地理实体有关的文本，除了本研究使用的人类在地理实体上产生的活动文本外，还可以考虑其他类型的地理实体描述文本，如地理实体的定义、介绍、属性等。通过在关系三元组(e_h, r, e_t)中加入头尾地理实体的描述文本特征，并借鉴 Translation 模型的思想，将头尾地理实体 e_h 和 e_t 在关系 r 下的得分转换为在关系 r 下的 Translation(平移/翻译)操作。

特征融合的手段并不是唯一的，本书给出两种不同的特征融合方案示例，如图 5-8 所示。

具体地讲，首先对地理实体的文本描述进行编码，得到地理实体的文档向量：

$$\boldsymbol{d} = \text{encoder}(doc) \tag{5-4}$$

由于本研究使用的是人类在地理实体上产生的活动文本，故此处的 encoder(·)对应为第三章研究内容二“人地交互视角下的地理实体文本表征方法”中预训练得到的 TG-HATGCN 模型(注：如果使用的是其他类型的地理实体文本，则替换成相应的文本编码器

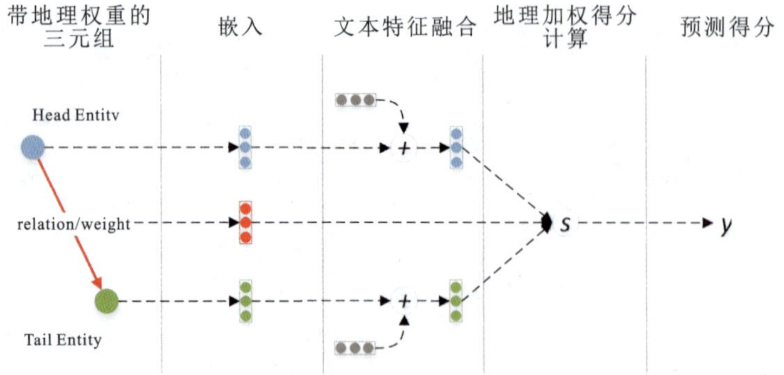

(a) 通过 Hadama 乘积进行特征融合

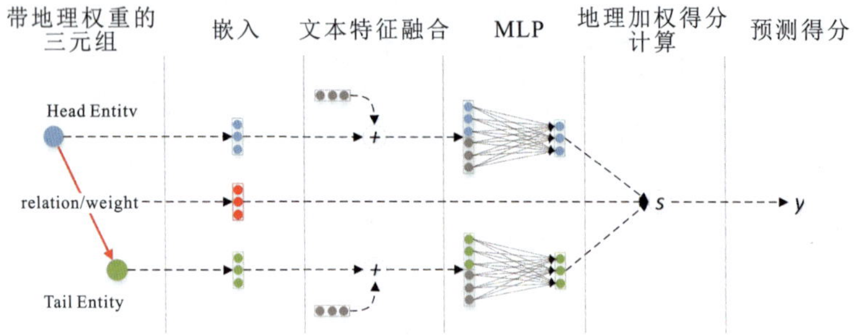

(b) 通过向量拼接进行特征融合

图 5-8　多模态地理知识表征模型

即可)。

其次需要将文档向量 $\boldsymbol{d}$ 融合到地理实体的空间特征向量中,根据融合方式的不同,分别如图 5-8(a)和图 5-8(b)所示。在图 5-8(a)中采用 Hadama 积(也可以使用向量加法进行替代,但在实验中通常 Hadama 积的效果要优于简单的向量相加)的方式进行融合:

$$\boldsymbol{e}=\boldsymbol{e}\circ\boldsymbol{d} \tag{5-5}$$

在图 5-8(b)中采用向量拼接的方式融合文档向量,故最终得到的特征向量维度与初始特征向量维度不一致,因此在本研究中使用 MLP(多层感知器)进行特征的转移,即维度的调整,同时促进特征的融合:

$$\boldsymbol{e}=\sigma((\boldsymbol{e}\oplus\boldsymbol{d})^{\mathrm{T}}\cdot\boldsymbol{W}) \tag{5-6}$$

其中 $\boldsymbol{W}$ 为特征转移矩阵,$\sigma(\cdot)$为激活函数。

最终的 Loss 函数为地理加权的三元组结构损失:

$$L_R=\sum_{(h,r,t)\in S}\ \sum_{(e_h',r,e_t')\in S'}[\gamma+s_r(e_h,e_t)-s_r(e_h',e_t')]_+ \tag{5-7}$$

其中 γ 为 margin,表示正例和负例之间的区分度,S 表示正例三元组集合,S'为对应的负例三元组集合。$s_r(e_h,e_t)$为关系三元组(e_h,r,e_t)的地理加权得分,对应于 TransE、TransH、TransR 以及 TransD 模型(这些模型的细节见第二章第六节),本研究所提 Multiview Geoweighted TransE(MV - GeoTransE)、Multi - view Geoweighted TransH(MV - GeoTransH)、Multi - view Geoweighted TransR(MV - GeoTransR)以及 Multi - view Geoweighted TransD(MV - GeoTransD)模型的 $s_r(e_h, e_t)$ 计算方式分别如下：

MV - GeoTransE

$$s_r(e_h, e_t) = \| \boldsymbol{e}_h + w_{ht}^r \cdot \boldsymbol{r} - \boldsymbol{e}_t \|_{1/2} \tag{5-8}$$

MV - GeoTransH

$$s_r(e_h, e_t) = \| (\boldsymbol{e}_h - \boldsymbol{w}_r^{\mathrm{T}} \boldsymbol{e}_h \boldsymbol{w}_r) + w_{ht}^r \cdot \boldsymbol{r} - (\boldsymbol{e}_t - \boldsymbol{w}_r^{\mathrm{T}} \boldsymbol{e}_t \boldsymbol{w}_r) \|_2^2 \tag{5-9}$$

MV - GeoTransR

$$s_r(e_h, e_t) = \| \boldsymbol{M}_r \boldsymbol{e}_h + w_{ht}^r \cdot \boldsymbol{r} - \boldsymbol{M}_r \boldsymbol{e}_t \|_2^2 \tag{5-10}$$

MV - GeoTransD

$$s_r(e_h, e_t) = \| (\boldsymbol{w}_r \boldsymbol{w}_h^{\mathrm{T}} + I) \boldsymbol{e}_h + w_{ht}^r \cdot \boldsymbol{r} - (\boldsymbol{w}_r \boldsymbol{w}_t^{\mathrm{T}} + I) \boldsymbol{e}_t \|_2^2 \tag{5-11}$$

其中，w_{ht}^r 表示当关系 r 的头尾实体分别为 h 和 t 时，关系 r 的权重，对应式(5 - 1)。引入关系权重的好处在于，通过 w_{ht}^r 可以区分同一关系类型下不同头尾实体的紧密程度，有助于改善一对多关系、多对一关系，以及多对多关系的表征。

第三节　实验和结果分析

在本节中，除了第三章中采用的地理实体分类实验外，本章所提模型的性能还将由地理知识的链路预测任务进行评估。首先，将介绍实验数据集，该数据集在 Yelp 开源数据集的基础上构建得到；紧接着介绍实验的设置，包括数据集的划分、对照实验的设置、参数的选择以及实验评估度量；最后将给出模型在链路预测、地理实体分类等任务上的评估结果。

一、数据集

本研究从包含各种类型点、线、面(多边形)地理实体的开放数据平台 OpenStreetMap 上选取了美国的部分城市(http://download.geofabrik.de/north - america/us.html)用于数据集的构建。首先以第四章第三节中构建的地理实体文本数据集中与文本发布坐标相对应的点实体集合作为基准数据集，然后选取与基准数据集中点实体相距 10km 范围内的所有点、线、面实体来对该基准数据进行扩充。最后对得到的所有点、线、面实体按照第五章第二节所提“多类型地理实体的统一空间关系构建方法”进行实体之间的关系构建，得到最终的实验数据。构建得到的数据集的统计结果如表 5 - 2 所示。

表 5-2　实验数据集的统计结果

#Entity			#Relation	#Train	#Valid	#Test
P	L	S				
23 701	3 859	1775	98	543 758	67 969	67 969

注:"P""L""S"分别表示点实体、线实体、面实体;#Train、#Valid 以及 #Test 分别表示按照 8∶1∶1 进行划分的训练集三元组数量、验证集三元组数量以及测试集三元组数量。

二、实验设置

本节选取 TransE、TransH、TransR 以及 TransD 模型作为基线模型,分别与本研究提出的 MV-GeoTransE、MV-GeoTransH、MV-GeoTransR 以及 MV-GeoTransD 模型进行对比。

在实验的参数设置方面,学习率 α 从{0.000 1,0.001,0.01,0.1}中挑选得到;marginγ 从{0.1,0.5,1,2,5,10}中挑选得到;实体和关系向量的维度 k 从{50,100,200,300}中挑选得到。根据模型在验证集上的评估效果[MeanRank,Hits@10,见式(5-12)和式(5-13)],不同模型的最佳实验参数设置如表 5-3 所示。

表 5-3　模型参数设置

Model	α	γ	k
TransE	0.001	2	100
TransH	0.001	1	100
TransR	0.001	1	100
TransD	0.001	0.5	200
MV-GeoTransE	0.001	0.5	100
MV-GeoTransH	0.001	1	100
MV-GeoTransR	0.000 1	2	200
MV-GeoTransD	0.000 1	1	100

注:α 表示学习率,γ 表示 margin,k 表示实体和关系向量的维度。

三、链路预测实验

链路预测是知识图谱补全的经典任务,可以用于发现缺失的知识(三元组),对原有知识进行补充，主要可分为实体预测和关系预测两类。链路预测任务有两个经典的评价指标：MeanRank 和 Hits@k。不失一般性的，此处以尾实体预测任务[给定头实体和关系(e_h,r,_)，预测其对应的尾实体 e_t]为例介绍 MeanRank 和 Hits@k。

MeanRank 顾名思义指的是正确的尾实体在预测过程中的平均排名。假设有 n 个待预测的样例，则其对应的 MeanRank 计算方式如下：

$$\text{MeanRank}=\frac{\sum \text{rank}(i)}{n} \tag{5-12}$$

其中，rank(i)表示第 i 次预测中，正确尾实体对应的得分排名。候选实体/关系的得分由式(5-8)～式(5-11)计算得到。

Hits@k 指的是正确的尾实体在预测过程中排名进入前 k 的概率(在前 k 中命中的概率)。假设有 n 个待预测的样例，则对应的 Hits@k 计算方式如下：

$$\text{Hits@}k=\frac{\#\{\text{rank}(i)<k, i=1,2,\cdots,n\}}{n} \tag{5-13}$$

其中，$\#\{\text{rank}(i)<k, i=1,2,\cdots,n\}$表示在 n 次预测过程中，正确尾实体对应的得分排名进入前 k 的次数。

在实验评估中，若 MeanRank 的值越低(即正确排名越靠前)、Hits@k 的值越高，则表示模型在链路预测任务中的表现越好(表 5-4)。

表 5-4　实体链路预测实验结果

Model	MeanRank		Hits@10	
	Raw	Filter	Raw	Filter
TransE	189.43	47.46	69.15%	80.32%
TransH	196.14	50.07	68.00%	79.14%
TransR	183.75	34.19	73.14%	82.03%
TransD	198.27	48.98	**76.12%**	84.03%
MV-GeoTransE(pro)	185.62	42.34	71.93%	80.52%
MV-GeoTransE(con)	176.33	44.07	72.12%	83.19%
MV-GeoTransH(pro)	194.36	57.82	69.17%	83.94%
MV-GeoTransH(con)	192.14	51.27	70.35%	83.75%
MV-GeoTransR(pro)	155.22	31.04	74.00%	83.46%
MV-GeoTransR(con)	154.25	**28.33**	73.86%	84.17%
MV-GeoTransD(pro)	**154.01**	53.12	73.46%	83.97%
MV-GeoTransD(con)	156.24	49.10	73.12%	**84.51%**

注："pro"表示使用 Hadama 积进行多模态特征融合，"con"表示使用向量拼接并利用 MLP 进行特征融合。每一列的结果中，粗体表示最优的"MeanRank"/"Hits@10"。

实体链路预测的实验结果如表 5-4 所示，其中"Raw"表示原始设置，即划分完数据集后不做任何处理；"Filter"表示在训练集、验证集以及测试集中删除那些"损坏"的三元组。"损坏"的三元组指那些与待预测三元组不同但同样是正确的三元组，这么做的目的是防止待预测正确实体的排名因为其他同样也正确的实体而被降低。关系链路预测的实验结果如表 5-5 所示，与实体链路预测任务不同的是，在实体链路预测任务中使用 Hits@10 指标进行评估，而在关系链路预测任务中使用 Hits@1 指标进行评估。以上原因主要在于，相较于实体数量而言关系的种类数量很少，本研究中共 98 种关系，若也使用 Hits@10 进行评估，则无法体现不同模型之间的差异（因为这些模型在前 10 种基本上都能命中正确的关系）。

表 5-5　关系链路预测实验结果

Model	MeanRank		Hits@1	
	Raw	Filter	Raw	Filter
TransE	1.57	1.43	76.96%	83.10%
TransH	5.34	5.11	50.76%	57.48%
TransR	5.76	5.23	37.40%	38.15%
TransD	3.91	3.70	54.79%	57.33%
MV-GeoTransE(pro)	**1.49**	1.42	78.05%	85.72%
MV-GeoTransE(con)	**1.49**	**1.32**	77.86%	86.49%
MV-GeoTransH(pro)	1.67	1.47	77.53%	87.69%
MV-GeoTransH(con)	1.67	1.44	76.83%	87.80%
MV-GeoTransR(pro)	1.83	1.46	**78.39%**	84.03%
MV-GeoTransR(con)	1.65	1.43	77.19%	86.54%
MV-GeoTransD(pro)	1.57	1.38	77.83%	87.82%
MV-GeoTransD(con)	1.54	1.48	77.82%	**89.77%**

注："pro"表示使用 Hadama 积进行多模态特征融合，"con"表示使用向量拼接并利用 MLP 进行特征融合。每一列的结果中，粗体表示最优的"MeanRank"/"Hits@1"。

从表 5-4 和表 5-5 的实验结果中可以发现，本研究的模型 MV-GeoTransE、MV-GeoTransH、MV-GeoTransR 以及 MV-GeoTransD 模型分别相较于 TransE、TransH、TransR 以及 TransD 模型，在总体上都有了一定程度的提升。其中，实体链路预测实验在 MeanRank 指标上的提升最为显著，关系链路预测实验在 TransH、TransR 以及 TransD 模型上的提升最为显著。这表明在多类型地理实体的表征中引入多模态信息对于地理实体的准确表征是有帮助的。

四、地理实体分类实验

在第四章第三节中通过地理实体的文本分类实验验证了"人地"交互特征/地理实体文本特征的有效性。本节在此基础之上，与 TG - HATGCN 模型进行对比，分析引入多类型地理实体的空间分布特征后对地理位置语义表征的影响。

实验结果如表 5 - 6 所示，相较于 TG - HATGCN 模型，本研究的模型在总体上表现较优，尤其是在"Mac"指标上。这表明引入多类型地理实体的空间分布特征有助于加强地理实体的位置语义表征，从而改善数据分布不均衡的问题。

表 5 - 6　地理实体分类实验的评估结果对比

Type	TG - HATGCN		MV - GeoTransD(pro)		MV - GeoTransD(con)	
	Pre	F1	Pre	F1	Pre	F1
Food	0.963	0.970	**0.965**	**0.973**	0.958	0.971
Beauty&spa	0.914	**0.883**	0.913	0.852	**0.924**	0.867
Entertainment	0.831	0.788	**0.899**	**0.807**	0.888	0.805
Travel	0.849	0.859	0.876	**0.885**	**0.887**	0.869
Shopping	**0.876**	**0.874**	0.855	0.873	0.875	**0.874**
Services	**0.708**	0.709	0.665	**0.715**	0.669	0.713
Sports	0.841	0.866	0.870	0.877	**0.877**	**0.885**
Health	**0.963**	**0.825**	0.955	0.747	0.956	0.746
Car	0.832	0.804	0.909	**0.808**	**0.909**	0.807
Nightlife	0.805	0.768	**0.856**	0.803	0.854	**0.807**
Pets	0.938	0.833	**1.000**	0.855	**1.000**	0.951
Education	**1.000**	**0.333**	**1.000**	**0.333**	**1.000**	**0.333**
Religious	0.909	0.909	**1.000**	0.847	**1.000**	**0.945**
Mass media	**1.000**	**0.462**	**1.000**	0.333	**1.000**	**0.462**
Mic	0.926	0.926	**0.930**	**0.930**	0.926	0.926
Mac	0.888	0.777	0.912	0.764	**0.914**	**0.794**

注："Pre"表示 precision，"F1"表示 F1 - score，"Mac"和"Mic"为"Pre"和"F1"的前缀，用于表示"macro/micro"视角下的 precision 以及 F1 得分。每一行结果中，粗体表示最优的"Pre"/"F1"。

如图 5 - 9 所示为 MV - GeoTransD 模型得到的表征向量通过 t - SNE 进行降维后的可视化结果，尽管 MV - GeoTransD 模型无法对分布不均衡的不同类型数据表征完全进行区分,但是可以看出该模型在一定程度上缓解了数据不均衡带来的影响(在一定程度上打破了数据量多的类型产生的主导影响,数据量占据主导的"Food"类型数据与其他少量数据的类型在表征空间中能够在一定程度上分隔开,而不是完全耦合在一起)。

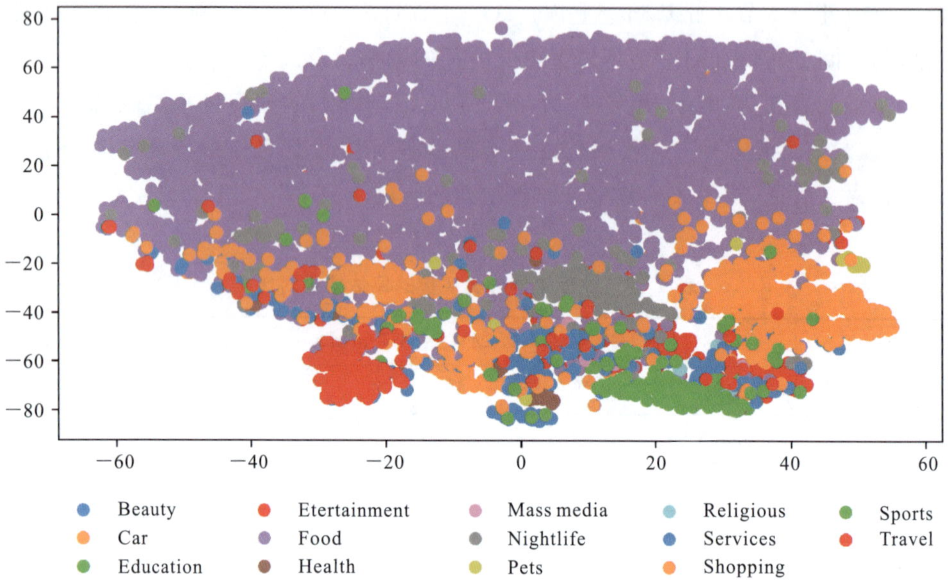

图 5-9　MV-GeoTransD 模型表征向量的 t-SNE 可视化

第四节　讨　论

本节从模型受数据集规模的影响程度(数据的稀疏性问题)、地理实体的类型和多模态信息对模型起到的作用(消融分析)等方面来对模型进行分析,从而更好地解释本研究模型的内在机理。

一、数据集规模的影响

从图 5-10 中可以看出,MV-GeoTransE 模型和 TransE 模型的性能随数据集规模的变化趋势大体相同。在数据集规模过小的时候(10%~30%),模型的性能受到比较大的影响;当数据集的规模达到一定程度的时候(40%~70%),此时效果虽然模型性能还在继续提升,但是上升的趋势较平缓,模型的性能基本上达到饱和;当继续增加训练集的数量时(80%~100%),模型性能的提升已经微乎其微,基本上保持稳定。

通过对比 MV－GeoTransE 模型和 TransE 模型在不同训练集规模下的 Hits@10 得分变化，可以发现，在数据集规模较小的情况下（10%～50%），TransE 模型的性能受到的影响要比 MV－GeoTransE 模型大的多。换言之，MV－GeoTransE 模型在数据集规模较小的情况下就可以达到较优的效果，这意味着在多类型地理实体的表征中引入多模态信息对数据稀疏问题可以起到缓解作用，从而在少量的数据集中可以学习到较准确的表征。此外，TransE 模型在训练集规模达到 50%甚至更多的时候，其性能就不再随着数据集的增加而有所提升（数据特征的学习已达到饱和），而 MV－GeoTransE 模型仍在缓慢的提升，这说明仅凭地理实体间的结构信息无法对数据进行充分的利用，引入多模态信息可以对数据进行更深层次的挖掘，发现更多潜在的语义信息。

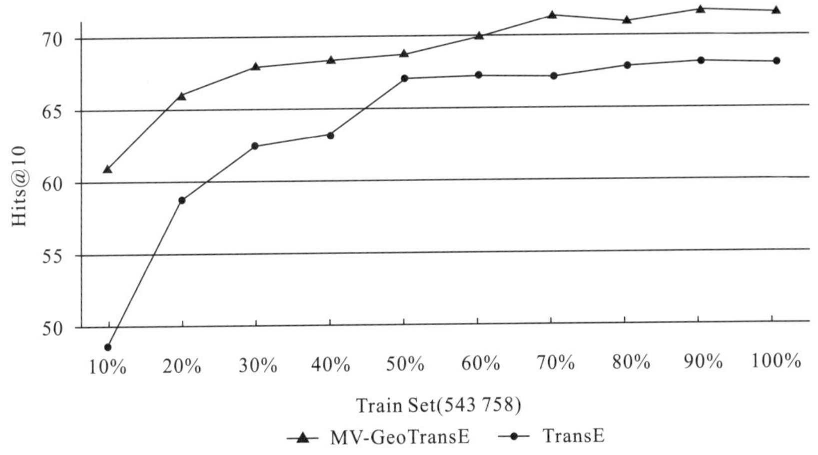

图 5－10　MV－GeoTransE 模型和 TransE 模型在不同训练集规模下的 Hits@10 得分

二、消融实验

为了更加深入地探究本研究所提模型的不同组成部分对模型性能的影响，本节将进行模型的消融实验分析。本节实验所使用的测试数据只包含点实体数据，其目的是探究模型的各个组成部分对点实体链路预测实验的影响。

实验结果如表 5－7 所示，“MV－GeoTransE w/o multi－type”表示训练数据中不包含多类型，即训练数据中的实体只包含点实体一种类型；“MV－GeoTransE w/o multi－modal”表示训练数据中不包含多模态信息，即不包含“研究内容二”的地理实体文本特征；“MV－GeoTransE w/o multi－type & multi－model”表示训练数据中既不包含多类型信息，也不包含多模态信息。从实验结果中可以看出，地理实体的类型以及多模态信息对模型的性能都起到了促进作用。原因在于，地理实体的位置语义受其所处地理位置环境的影响，即当前地理实体与周边其他不同类型的地理实体共同构成了空间分布的语义，是位置语义组成不可或缺的一部分，综合考虑不同类型地理实体的空间分布信息，有利于更好地对地理实体的位置语义进行表征。其次引入多模态信息进行建模不仅有利于改善数据稀疏的问题，同时有利于融合“人地”交互认知，更好地反演地理位置语义。

表 5－7　消融模型的实体链路预测实验结果

Model	MeanRank		Hits@10	
	Raw	Filter	Raw	Filter
MV－GeoTransE	**185.62**	**42.34**	**71.93%**	**80.52%**
MV－GeoTransE w/o multi－type	193.07	56.14	64.78%	71.59%
MV－GeoTransE w/o multi－modal	189.93	48.86	67.15%	80.02%
MV－GeoTransE w/o multi－type & multi－model	195.14	56.79	65.94%	69.77%

此外，从实验结果中还可以发现，模型受到地理实体类型信息的影响要大于地理实体多模态信息的影响。原因主要在于，链路预测任务的目的在于补全知识(补全结构)，在预测过程中地理实体之间的空间结构信息占据了主导。而在本研究中地理知识图谱的构建主要依赖于点、线、面实体之间的空间关联，因此在链路预测任务中，地理实体类型信息的影响要大于地理实体多模态信息的影响。

第五节　本章小结

针对现有地理实体表征方法中存在的表征视角单一、表征模块单一等问题，本研究中根据地理实体的几何形态以及地理实体间存在的空间关系，面向地理实体表征的需求，提出了一种自适应的空间关系构建方法，从不同的视角对多类型地理实体的空间关联进行准确全面的描述。同时本研究提出的地理知识表征模型，能够较好地融合地理实体的空间结构特征和文本特征，有效缓解数据稀疏和分布不平衡问题，从而实现准确建模不同分布模式下的地理实体表征。实验结果表明引入除地理位置外的其他语义特征，如本书中使用的源于“空间”交互的不同类型地理实体的角色特征，以及反映“人”的社会行为的地理实体文本特征，对提高多类型地理实体表征的准确性有显著性的成效。这意味着通过耦合这些不同模态的特征进行建模，可以更好地反演地理实体的位置特征，从而更真实地模拟“人地”关系、融合认知，并在其上更有效地服务于各种空间应用。

除了基于“人地”交互的文本特征，以及基于“空间”交互的地理实体角色特征外，还有其他不同模态的特征，如图像特征(街景图像、遥感图像等)。在将来的工作中可以考虑引入其他模态的特征来改善多类型地理实体数据稀疏和分布不均衡的问题，从而实现更加准确的多类型地理实体表征。此外，本研究使用的 Translation 系列知识表征模型还是基于浅层编码的方式，比较难以捕获地理实体之间存在的复杂依赖关系，在将来的工作中将考虑使用图神经网络的深层次编码来捕获多类型地理实体间复杂的依赖关系。

第六章　结束语

受表示学习领域的启发，地理实体表征将地理实体表示为低维稠密的向量，使查询与推理等关联分析转换为向量间的数学运算，不仅有效简化了关联分析的过程，而且降低了计算复杂度，使分布式并行计算更容易进行。当前地理实体的表征学习主要从位置邻近关系的单一视角展开，以兴趣点或者道路等单一类型地理实体为研究对象，缺乏对多类型地理实体的多视角语义信息在同一向量空间中进行表征的理论与方法，难以支持地理大数据中需求多样的关联分析任务。

鉴于此，本书在基础的数据表示层面上，从多个角度建模多类型地理实体间的关联关系，研究多模态地理实体的统一表征学习理论与方法。具体地讲，本书从3个方面展开相关内容的研究：①在“研究内容一”中引入义原结构信息来补充词的语义，从而改善词的稀疏性问题，为“研究内容二”提供语义基础；②在“研究内容二”中，以文本作为连接人类和地理实体之间的桥梁，探究包含人地交互特征的地理实体文本表征方法；③在“研究内容三”中，以知识图(异构图)的形式对不同类型的地理实体进行统一组织，同时融入“研究内容二”得到的地理实体文本特征，探究融入多模态信息的多类型地理实体表征方法。

1. 研究内容一(第三章)：引入义原结构信息的双层注意力词表征方法

在“研究内容一”中，提出了一种基于双层注意力机制的词表征方法(Double Attention-based Word Embedding，DAWE)，通过“double attention”机制来将义原信息编码到词汇中，从而使得模型能够深入到词汇的语义内部来对词汇进行表征。DAWE模型是一个通用的编码框架，能够被扩展到现有的词表征训练框架中(如Word2Vec)，在“研究内容一”中，通过扩展DAWE模型得到了两个具体的词表征训练模型。词相似性和词类比实验的结果验证了DAWE模型的有效性，DAWE模型能够通过动态的语义生成正确的捕获词在上下文中的语义变化(语义消歧，WSD)。为了更加深入地探究DAWE模型的内部机理，在实验中选取了部分案例进行了详细的分析。分析结果表明词的语义不仅仅受到全局语义累积的影响，而且还会受到上下文窗口的影响。“研究内容一”的发现建议将词表征的过程按照更加细粒度的视角进行分解，这有利于提升NLP任务的性能。

“研究内容一”的限制之一在于“double attention”机制引入了额外的训练参数，导致DAWE模型相较于基线模型增加了训练时间的开销。此外，模型的超参选取遵循前人的工作，并未做过多有关模型超参方面的讨论。在将来的工作中，将对模型超参的影响进行更加深入地探究和评估。

2. 研究内容二(第四章)：人地交互视角下的地理实体文本表征方法

为了克服现有结合文本的地理实体表征中忽略隐含“人地”交互信息的问题，“研究内容二"提出了一种结合"人地"交互信息的基于图神经网络的地理实体表征方法——TG-HATGCN(Time Gated Human Activity Text Graph Convolutional Network)。该模型通过针对两种不同视角的GCN模块能够有效地捕获"文本视角"和"时间视角"下的"人地"交互信息,从而能够显著地提升地理实体表征的性能,特别是能够有效地改善各种不同类型地理实体的文本分布不平衡的问题。此外,通过实验发现对不同类型的交互采用针对性的权重计算方式,能够有效地改善节点的表征,且用户信息和时间信息对于模型表征效果的提升是十分重要的。"研究内容二"的结果表明社交媒体数据中隐含的"人地"交互信息能够对地理数据挖掘及其人工智能应用起到促进作用。得益于GCN模型能够链接各种不同类型的对象,并进行特征提取的优势。"研究内容二"所提模型能够很容易的被扩展到各种不同领域应用中的异构数据建模上,提供了一种建模多类型异构数据的解决方案。

在将来的工作中,其他类型的交互,如用户之间构成的社交网络等,将会被考虑添加到现有模型中,且地理实体的空间分布特征也将被考虑作为额外的信息补充。此外,本研究所提模型得到的词表征嵌入、文本表征嵌入以及用户表征嵌入也需要在具体的下游任务中验证其表征的有效性。

3. 研究内容三(第五章):融合多模态信息的多视角地理实体表征方法

针对现有地理实体表征存在的表征视角单一、表征模块单一等问题,在"研究内容三"中根据地理实体的几何形态以及地理实体间存在的空间关系,面向地理实体表征的需求,提出了一种自适应的空间关系构建方法,从不同的视角对多类型地理实体的空间关联进行准确全面的描述。同时"研究内容三"提出的地理知识表征模型,能够较好地融合地理实体的空间结构特征和文本特征,有效缓解数据稀疏和分布不平衡问题,从而实现准确建模不同分布模式下的地理实体表征。实验结果表明引入除地理位置外的其他语义特征,如本书中使用的源于"空间"交互的不同类型地理实体的角色特征,以及反映"人"的社会行为的地理实体文本特征,对提高多类型地理实体表征的准确性有显著性的成效。这意味着通过耦合这些不同模态的特征进行建模,可以更好地反演地理实体的位置特征,从而更真实地模拟"人地"关系、融合认知,并在其上更有效地服务于各种空间应用。

除了基于"人地"交互的文本特征,以及基于"空间"交互的地理实体角色特征外,还有其他不同模态的特征,如图像特征(街景图像、遥感图像等)。在将来的工作中可以考虑引入其他模态的特征来改善多类型地理实体数据稀疏和分布不均衡的问题,从而实现更加准确的多类型地理实体表征。此外,"研究内容三"使用的Translation系列知识表征模型还是基于浅层编码的方式,比较难以捕获地理实体之间存在的复杂依赖关系,在将来的工作中将考虑使用图神经网络的深层次编码来捕获多类型地理实体间复杂的依赖关系。

总而言之,地理大数据时代机遇与挑战并存,本书的研究针对的只是其中的基础数据表征层面,仍有大量的研究方向等着我们去探索。后期将从具体的应用层面出发,将本书所提数据表征方法与下游任务,如地理信息检索、地点推荐、时空现象预测、城市空间模式分析等进行融合,探究多类型地理实体统一表征空间上分析与推理的新模式。

主要参考文献

崔鹏,2018.网络表征学习前沿与实践[J].中国计算机学会通讯,14(3):8－11.

刘知远,孙茂松,林衍凯,等,2016.知识表示学习研究进展[J].计算机研究与发展,53(2):247－261.

孙源,2019.基于 Word2Vec 的 SCI 地址字段数据清洗方法研究[J].情报杂志,38(2):195－200.

姚迪,张超,黄建辉,等,2018.时空数据语义理解:技术与应用[J].软件学报,29(7):2018－2045.

BENGIO Y, COURVILLE A, VINCENT P, 2013. Representation learning: A review and new perspectives[J]. IEEE transactions on pattern analysis and machine intelligence, 35(8): 1798－1828.

BORDES A, GLOROT X, WESTON J, et al, 2012. Joint learning of words and meaning representations for open-text semantic parsing[C]//Artificial Intelligence and Statistics. PMLR: 127－135.

BORDES A, USUNIER N, GARCIA－DURAN A, et al, 2013. Translating embeddings for modeling multi-relational data[C]//Advances in neural information processing systems: 2787－2795.

BORDES A, WESTON J, COLLOBERT R, et al, 2011. Learning structured embeddings of knowledge bases[C]//Proceedings of the Twenty－fifth AAAI Conference on Artificial Intelligence, 25(1): 301－306.

CAMACHO－COLLADOS J, PILEHVAR M T, 2018. From word to sense embeddings: A survey on vector representations of meaning[J]. Journal of Artificial Intelligence Research, 63: 743－788.

DEFFERRARD M, BRESSON X, VANDERGHEYNST P, 2016. Convolutional neural networks on graphs with fast localized spectral filtering[C/OL]//Advances in Neural Information Processing Systems: 3844－3852. [2020-09-05]. https://github.com/mdeff/cnn_graph.

DONG Z, DONG Q, 2003. HowNet-a hybrid language and knowledge resource[C]//International Conference on Natural Language Processing and Knowledge Engineering: 820－824.

GAO H, WANG Z, JI S, 2018. Large-scale learnable graph convolutional networks [C/OL]//Proceedings of the ACM SIGKDD International Conference on Knowledge Discovery and Data Mining. Association for Computing Machinery: 1416 – 1424.[2018-09-14]. http://arxiv.org/abs/1808.03965.

GONG J, LI R, YAO H, et al, 2019. Recognizing human daily activity using social media sensors and deep learning[J]. International Journal of Environmental Research and Public Health, 16(20):89 – 94.

GROVER A, LESKOVEC J, 2016. Node2Vec: Scalable feature learning for networks [C]//Proceedings of the 22nd ACM SIGKDD International Conference on Knowledge Discovery & Data Mining. ACM: 855 – 864.

GUAN N, SONG D, LIAO L, 2019. Knowledge graph embedding with concepts[J]. Knowledge – Based Systems, 164: 38 – 44.

HAMILTON W L, YING R, LESKOVEC J, 2017. Representation learning on graphs: Methods and applications[J]. arXiv Preprint:1709 – 1716.

HAMMOND D K, VANDERGHEYNST P, GRIBONVAL R, 2011. Wavelets on graphs via spectral graph theory[J/OL]. Applied and Computational Harmonic Analysis, 30(2): 129 – 150.[2011-09-12]. http://arxiv.org/abs/0912.3848.

HARRIS Z S, 1954. Distributional structure[J]. Word, 10(2/3): 146 – 162.

HE S, LIU K, JI G, et al, 2015. Learning to represent knowledge graphs with gaussian embedding [C]//Proceedings of the 24th ACM international on conference on information and knowledge management: 623 – 632.

HU K, QI K, YANG S, et al, 2018. Identifying the "Ghost City" of domain topics in a keyword semantic space combining citations[J]. Scientometrics, 114(3): 1141 – 1157.

JEPSEN T S, JENSEN C S, NIELSEN T D, 2019. Graph convolutional networks for road networks[J]. arXiv Preprint:1908 – 1916.

KANG M, AHN J, LEE K, 2018. Opinion mining using ensemble text hidden Markov models for text classification[J]. Expert Systems with Applications, 94: 218 – 227.

KHAN F H, QAMAR U, BASHIR S, 2016. SentiMI: Introducing point-wise mutual information with SentiWordNet to improve sentiment polarity detection[J]. Applied Soft Computing Journal, 39: 140 – 153.

LIN X, LI H, ZHANG Y, et al, 2017. A probabilistic embedding clustering method for urban structure detection[J]. ISPRS – International archives of the photogrammetry, remote sensing and spatial information sciences, 42: 1263 – 1268.

LIU K, GAO S, QIU P, et al, 2017. Road2Vec: Measuring traffic interactions in urban road system from massive travel routes[J]. ISPRS International Journal of Geo – Information, 6(11): 321.

LIU W, ZHOU P, ZHAO Z, et al, 2020. K-bert: Enabling language representation with knowledge graph[C]//Proceedings of the AAAI Conference on Artificial Intelligence. 34(03): 2901 - 2908.

MEI J J, ZHU Y M, GAO Y Q, et al, 1983. Tongyici cilin (dictionary of synonymous words)[J]. Shanghai: Shanghai Cishu Publisher.

MIKOLOV T, SUTSKEVER I, CHEN K, et al, 2003. Distributed representations of words and phrases and their compositionality[C]//Advances in neural information processing systems, 6:55 - 60.

MILLER G A, 1995. WordNet: A lexical database for English[J]. Communications of the ACM, 38(11): 39 - 41.

NAVIGLI R, PONZETTO S P, 2012. BabelNet: The automatic construction, evaluation and application of a wide-coverage multilingual semantic network[J]. Artificial intelligence, 193: 217 - 250.

NICKEL M, ROSASCO L, POGGIO T, 2016. Holographic embeddings of knowledge graphs[C]// Proceedings of the AAAI Conference on Artificial Intelligence, 30(1):33 - 41.

QIU P, GAO J, YU L, et al, 2019. Knowledge embedding with geospatial distance restriction for geographic knowledge graph completion[J]. ISPRS International Journal of Geo - Information, 8(6): 254.

RAHIMI A, COHN T, BALDWIN T, 2018. Semi-supervised user geolocation via graph convolutional networks [C/OL]//ACL 2018 - 56th Annual Meeting of the Association for Computational Linguistics, Proceedings of the Conference (Long Papers). Association for Computational Linguistics (ACL). [2018-09-07]. http://arxiv.org/abs/1804.08049.

SHAW S L, SUI D, 2020. Understanding the new human dynamics in smart spaces and places: Toward a splatial framework[J]. Annals of the American Association of Geographers, 110(2): 339 - 348.

SPEER R, CHIN J, HAVASI C, 2017. Conceptnet 5.5: An open multilingual graph of general knowledge[C]//Proceedings of the AAAI Conference on Artificial Intelligence, 31(1):44 - 50.

TANG J, AGGARWAL C, LIU H, 2016. Node classification in signed social networks[C]//Proceedings of the 2016 SIAM international conference on data mining. SIAM: 54 - 62.

TOBLER W, 2004. On the first law of geography[J]. Annals of the association of american geographers, 94(2): 304 - 310.

WANG M, LEE W C, FU T, et al, 2019. Learning embeddings of intersections on road networks[C]//Proceedings of the 27th ACM SIGSPATIAL International Conference on Advances in Geographic Information Systems. ACM: 309 - 318.

WANG Q, MAO Z, WANG B, et al, 2017. Knowledge graph embedding: A survey of approaches and applications [J]. IEEE Transactions on Knowledge and Data Engineering, 29(12): 2724 - 2743.

WANG Z, ZHANG J, FENG J, et al, 2014. Knowledge graph embedding by translating on hyperplanes[C]//Twenty - Eighth AAAI conference on artificial intelligence, 28(1):33 - 39.

WU Z, PAN S, CHEN F, et al, 2020. A Comprehensive survey on graph neural networks[J/OL]. IEEE Transactions on Neural Networks and Learning Systems: 1 - 21. [2020-09-04]. https://ieeexplore.ieee.org/abstract/document/9046288/.

YAO Y, LI X, LIU X, et al, 2017. Sensing spatial distribution of urban land use by integrating points-of-interest and Google Word2Vec model[J]. International Journal of Geographical Information Science, 31(4): 825 - 848.

YILMAZ T, KARAGOZ P, KAVURUCU Y, 2017. Exploring what makes it a POI [C]//2017 IEEE Smart World, Ubiquitous Intelligence & Computing, Advanced & Trusted Computed, Scalable Computing & Communications, Cloud & Big Data Computing, Internet of People and Smart City Innovation: 1 - 6.

YIN R, WANG Q, LI P, et al, 2016. Multi-granularity chinese word embedding[C]// Proceedings of the 2016 Conference on Empirical Methods in Natural Language Processing: 981 - 986.

YING R, HE R, CHEN K, et al, 2018. Graph convolutional neural networks for web-scale recommender systems[C]//Proceedings of the 24th ACM SIGKDD International Conference on Knowledge Discovery & Data Mining. ACM: 974 - 983.

YU J, JIAN X, XIN H, et al, 2017. Joint embeddings of chinese words, characters, and fine-grained subcharacter components[C]//Proceedings of the 2017 Conference on Empirical Methods in Natural Language Processing: 286 - 291.

ZHAI W, BAI X, SHI Y, et al, 2019. Beyond Word2Vec: An approach for urban functional region extraction and identification by combining Place2Vec and POIs[J]. Computers, Environment and Urban Systems, 74: 1 - 12.

ZHAO J, YU M, CHEN H, et al, 2019. POI semantic model with a deep convolutional structure[J]. arXiv Preprint:1903 - 1907.

ZHOU J, CUI G, ZHANG Z, et al, 2018. Graph neural networks: A review of methods and applications[J/OL]. Spring, 5(2): 75 - 86.